科学之美　人文之思

智能论纲要

王培 著

上海科技教育出版社

目录

序 / I

前言 / VII

第1章　信息系统 / 001

第2章　智能系统 / 021

第3章　推理系统 / 047

第4章　自组织过程 / 085

第5章　经验与行为 / 117

第6章　社群与科学 / 157

结语 / 179

序

感谢上海科技教育出版社的邀请,为王培教授的新作《智能论纲要》作序既高兴又惶恐。

之所以惶恐,是因为自己是人工智能的门外汉,要确切地为这样一本以人工智能为重要论题,然而又不限于人工智能,既有广度又有深度,且建立了独树一帜的智能新理论的原创精品作序,确实超乎笔者的能力之上。怕写不好,话没说到点子上,甚至可能会在某些地方说错了。不过,反过来说,由笔者这样一个外行来写序或许也有其好的一面。当年诺贝尔奖得主、意识自然科学研究的开拓者克里克在写其名著《惊人的假说》时,曾对他的朋友拉马钱德兰说,出版社的编辑要求他把手稿给一位外行读一下,而令他苦恼的是,在他的朋友圈中没有一位外行。他问拉马钱德兰能不能给他推荐一位外行。那么,笔者也许正好可以起这样一种外行的作用:本书能不能为大众看懂、理解?读者是否会从中得到启发并对智能问题产生思考？笔者读过本书的初稿和二修稿，回答是肯定的。不仅是肯定，更是带着狂喜向广大喜欢思考和对相关问题有兴趣的读者推荐本书。所以，这篇文字与其说是序，不如说是笔者作为一名非专业人士（可能与作者心目中的读者群中的大多数更为接近）写的读后感。

之所以高兴，有两方面的原因。一个原因是，王培教授是笔者素未谋面的网上挚友。笔者之得识王培教授，缘起于多年前王教授在微信公众号《赛先生》上开辟的人工智能专栏，笔者深为其学识倾倒。而后我们又都同为微信公众号《返朴》的编委，这为笔者联系他提供了方便之门。当时，笔者正和德国的信息技术工程师卡尔·施拉根霍夫博士合作，写一套3卷的"脑与人工智能：一位德国工程师与一位中国科学家之间的对话"书系（上海教育出版社，2019），共同讨论脑和人工智能交叉领域中的一些开放性问题。卡尔是信息技术方面的专家，我向他请教人工智能方面的问题时，提到了王培教授的观点，这引起了卡尔的极大兴趣。卡尔随即到王培教授的个人网站上阅读了他几乎所有的英文作品，并在写给笔者的私人信件中，高度评价王培教授的思想，将他誉为当代人工智能领域中的莱布尼茨。当然，要弄清楚王教授的思想，问他自己比问卡尔要更好一些，这样我就和王教授建立起了私人联系，向他提出我的种种疑惑，而他总是不嫌其烦，有问必答，扫清了我脑中的重重迷雾。我们发现，在大量问题上彼此有着相同或相似的看法（当然，在人工智能方面，我不可能有他那样广阔和深刻的认识），由此成了好朋友。为好朋友的杰作作序当然是令人高兴的。

更重要的一个原因是,有机会向读者推荐这样一本既充满着深刻的思考,又十分接地气,可使"外行"也能对包括人工智能和人类智能在内的智能理论有较深理解的好书,是一件非常有意义的事。本书是笔者读过的向一般公众介绍有关人工智能的书中内容最为深刻的一本。

近年来,人工智能已成为社会热点,凡是有点好奇心的公众都想知道:人工智能究竟是什么?人工智能和计算机(科学)是不是一回事?人工智能的前途是不是必须复制人脑?人工智能能做到人脑所能做的一切,甚至超过人脑吗?人工智能对我们人类来说究竟是福,还是祸?……这些问题正是吸引广大读者,包括笔者在内,去阅读有关人工智能科普书的原因。但遗憾的是,市面上许多有关人工智能的科普书,或者告诉读者许多八卦,或者危言耸听但又不给出充分的根据(只是引用某些名人的话,加上科幻式的畅想),或者告诉读者一大堆当前人工智能具体应用的例子和由此引申出去的狂想曲,而严肃的、刨根究底且实事求是地全面介绍人工智能的书却极少见到。王培教授的这本书是满足这一全面要求的应时之作。

诚然,一如王培教授在本书前言中所说,本书并不是一本通常意义下的科普书,而是一位科学家对智能问题思考和研究的结果,试图廓清智能问题上的种种似是而非的迷雾,建立起一个有关智能问题一般理论的新领域。要达到这一目的,自然不容易,其中会牵涉许多学科的内容,并且作者要在逻辑上极为严谨,为了使一般读者能看得懂,还要尽量避免使用数学工具,仅用叙述性语言就把基本思想说清楚。按作者自己的话来说,这是一本"内容和体裁都相当另类的书"。这真是一个令人望而生畏的艰巨任务。然而,王教授出色地做到了。

其实,在一开始笔者鉴于自己阅读王教授文章后的收获,确曾建议王教授把它们搜集在一起,稍加润色、整理、补充,写成一本科普书。这是一条比较省力的路,但是王教授不满足于这样做,而是系统地把他关于智能问题的思考和研究,以一般读者读得懂的方式写成一本"新"书。

《智能论纲要》是一本高度原创的力作,内容不局限于人工智能,而是关于"智能"的一般理论。在书中,作者介绍了现今正在兴起而还未在人工智能界成为主流的"通用人工智能"(顺便说一句,王培教授是通用人工智能协会的副主席)。他思想的特点是,把智能建筑在知识和资源都不足的前提之上,因此在他的理论中并不存在颠扑不破的完备的"公理"。相反,因为知识和资源的不足,他的理论是一种"非公理化推理系统"(Non-Axiomatic Reasoning System,简称NARS或纳思)理论,即系统只能根据经验行事,随着获得新经验,系统就要修改自己的行为以解决面临的新问题。而这正是现实中普遍遇到的情况。

正如作者在书中指出的那样:"一个理论必须选择一个合适的范围,这个范围既要足够宽,以便覆盖要达到的目标,又要足够窄,以便有效地被使用。"他提出的"智能是一个信息系统在知识和资源相对不足时的适应能力"或许就是通常我们会想到的,在碰到一个从未遇到过的新问题时,能够按照过去的经验找到应对之道。这个定义范围既足够宽,覆盖了无论是人还是非人智能的极为重要的方面;又足够窄到可以在工程技术上具体实现。可以说,阅读本书,是一种智力的享受。

值得一提的是，对于一般公众用惯了的，然而很少深思其意的术语，如信息、智能、目标、动作、知识、经验、行为、技能等，本书给出了严谨的工作定义，且提出了诸多新见解。例如，我们常听到有人说，"物质、能量和信息是构成世界的三大要素"，进而把信息当成了一种像物质或能量那样的"实体"，而王培教授则在一开始就批评了这种把信息"本体论化"的错误。对于智能，许多人把它当成众多复杂功能的大拼盘，另一些人又把它和技能混为一谈，而王培教授则明确提出："智能是一个信息系统在知识和资源相对不足时的适应能力。"智能是"获得技能的'元能力'"。这些内容着实让人眼前一亮。

当然，读这种书不可能像读金庸的武侠小说那样轻松。更何况，本书内容简明扼要，作者未就解释、举例、引证、比较等内容充分展开，而集中在智能论的主要论点上面，以非常有限的篇幅，勾勒出自己长期研究和思考的理论全貌。所以，笔者几乎每读一段都要掩卷长思，有时甚至要反复读几遍才能理解作者的深意，但读懂之后的欢欣足以补偿阅读中的"辛苦"。对于任何一位好奇且认真的读者来说，这都是一种绝好的思想锻炼。相信读者在阅读过程中也会有类似的感触。

尽管这种高度浓缩的"纲要"给阅读带来些许困难，但是它使读者以最少的时间一窥作者理论的全貌，了解其可能最为直接的"用武之处"。现今，数学发展出了许多新分支，大量的定理和证明使读者望而生畏。多年来，笔者一直希望某位数学家或某个数学家群体可以写一本书，介绍数学各种新分支的思想和其可能的应用之处，最好再附上相对应的拓展学习资料。这样读者在明白了某个新分支对他自身工作是否有意义之后，就可选择性地深入学习，进而投入更多的时间和精力。遗憾的是，笔者未能找到这样的书（或许是笔者没有努力去找）。我想这种书之所以"稀缺"，是因为它们不仅要求作者对整个领域的演变、思想全局在胸，还要求作者善于"排兵布阵"，在尽量少的篇幅中，用最恰当的阐述方式让一般读者至少能明白个大概。在通用人工智能这一领域上，王教授的这本《智能论纲要》恰好起到了这种作用，并且清晰地阐述了自己的理论成果，可谓独树一帜。

当然，如果真正想把王教授的思想用于解决实际问题，或者想了解更多细节，那么只读这本纲要是不够的，不过这也并非本书的任务或目的。本书更像是作者给读者绘制的一张导游图、一篇旅游攻略。它使读者明白值不值得花更大的精力去进一步阅读有关通用人工智能的专著，比如作者即将撰写的本书的拓展版——一本有关智能论的大部头著作，这本"纲要"就是深度游的游前攻略，使某些如花美景不至于被遗漏。

与王教授沟通中，笔者欣喜地得知，作者提出的纳思系统已在实践中得到了应用。依笔者之见，为了抢占人工智能的高地，国内也应该尽早尝试。本书的出版意义重大，毕竟人工智能的种种错误说法似乎已深入人心。

最后还要重复一句，这篇"序"只是一个对人工智能有好奇心的外行的读后感，观点未必都对，读者还是自己读原作吧，相信它定会给您带来惊喜！

顾凡及（复旦大学生命科学学院退休教授、
中国好书《三磅宇宙与神奇心智》作者）

2022年6月15日

前言

人工智能是当前科技发展的热点之一。但人工智能研究所涉及的不仅仅是科学技术问题，还有更广义上的理论思考。事实上，已经有越来越多的人发现，要想让人工智能研究取得更大进展，我们就必须对与其相关的概念和基础理论有更清晰的认知。

人工智能研究背后的一个朴素信念，就是人类所表现出来的智能并不是人类所独有的，而是有可能在电子计算机中被复制出来的。根据这种想法，"智能"是一种具有一定普遍性的能力或机制，而"人类智能"是其重要表现形式，也是我们最熟悉的形式，但不是唯一的形式。人工智能的支持者们认为，"人工智能"（或可称其为"计算机智能"）会是智能的另一种具体形式。这就是说，智能的内在规律性应该可以用独立于人脑或计算机设备的方式描述，就好像"飞行"可以用物理语言描述出来，而不涉及飞鸟或飞机的具体结构，因为这些"飞行系统"除了都能飞之外，在其他方面可以完全不一样。

本书的目的就是尝试建立这样一个（一般、统一、广义）智能理论。总的说来，本书的核心是讨论各种智能系统的共有特征，虽然在此过程中不可避免地会以具体的智能形式（尤其是人类智能和人工智能）为例。即使如此，其中的结论也并不依赖于大脑和计算机的特定结构和机能。书中的内容体现了借鉴人类智能来设计人工智能的努力，并且涉及智能的其他形式，如动物智能、群体智能，甚至外星智能。这个理论对于人类、动物、群体来说是描述性的，即它试图将我们对这些对象的相关知识系统化；对计算机来说，这个理论是指令性的，即它试图引导新型计算机系统的设计和建造；外星智能则作为一种可能性，为这个理论提供有趣的思想实验。

尽管这个理论以智能为核心，但它和认知、思维、精神、意识等现象密切相关。对这些现象的研究纵贯整个科学史和思想史，横跨哲学、心理学、逻辑学、语言学、数学、脑科学、人类学、计算机科学等学科，因此书中的讨论带有很强的跨学科性质。这个理论的形成也受到这些学科中很多理论的影响，而不是单纯基于其中的某一个理论。

本书面向的读者首先是相关学科的研究者和学生，然后是对相关问题有足够兴趣的公众。我没有按一般学术著作的体例来写，比如大量运用定义、证明、引用等，而是集中描述我自己对相关问题的看法。因此，这本书不能算"科普"，而是建立一门新科学的尝试。但我会兼顾准确性和可读性，尽量减少术语和公式，试图用日常语言把问题说清楚。

目前读者们看到的是一个"论纲",包括这个理论的主要论点,但尚未包括解释、举例、引证、比较、推论等内容,而完成一本包括那些内容的完整论著将是我未来工作的一部分。对这个理论的细节及其计算机实现有兴趣的读者可以在我的个人主页(https://cis.temple.edu/~pwang/)的链接中找到有关著述和程序,如 *Non-Axiomatic Logic: A Model of Intelligent Reasoning*(2013),*Rigid Flexibility: The Logic of Intelligence*(2006)。这本小书只能做到简明扼要,无法兼顾通俗易懂了。由于相关问题的复杂性,读者不能期望在不做进一步阅读和思考的条件下就能完全理解本书的内容,当然我不是以此为借口推卸作为作者的责任。

本书的结构体现了我对这一理论中相互依赖的概念和想法所做"线性展开"的一次尝试,下面是各章的概要。

1. **信息系统**:要说明白什么是智能,必须同时说明什么不是智能。这一章的作用就是为智能系统和非智能系统提供一套跨越生物和机器的统一描述框架和术语。"信息系统"被当作一套方法论概念,据此在描述一个系统的内部活动时可以抽象地谈论系统的目的、行动和知识,在描述一个系统的外部活动时可以抽象地谈论系统的输入(问题)和输出(答复),而不需要涉及其中的具体物理学、化学、生物学或其他过程。

2. **智能系统**:这一章将所有信息系统分为有智能的智能系统和没有智能的非智能系统。智能系统有适应性并可以在知识和资源相对不足的条件下工作,而非智能系统(或称本能系统)以传统的计算系统和低等动物为代表,其输出(答复或反应)是其输入(问题或刺激)的固定函数。智能系统的内部结构和外部行为都与本能系统有根本差别。

3. **推理系统**：为了对信息系统进行更详细、精确的描述，这里把它们作为推理系统来刻画。本能系统对应于全公理系统，而智能系统对应于非公理系统。这一章还介绍了一个具体的智能模型"纳思"的基本结构，包括其表示语言、推理规则、存储结构、控制机制等。

4. **自组织过程**：和本能系统一切都在设计阶段由"先天"确定的不同，智能系统中的很多成分都是"后天"习得的。这一章以纳思为例，介绍了智能系统的学习、成长和适应过程，包括其目的、行动、信念等成分的建构。

5. **经验与行为**：这一章的焦点从智能系统的内部转移到系统与环境的相互作用上，讨论其经验与行为的关系。这里的经验包括直接的感知运动经验和抽象的语言、社会经验。前者可以有很多种不同的媒介，而不限于人类的感知运动器官。后者发生于一个智能系统和其他智能系统之间，使得合作成为可能，从而极大地提升了系统的适应能力。与此同时，系统的概念和信念也在不同程度上被其所属的社会所约束。

6. **社群与科学**：这一章的视野从个体系统扩展至群体系统。当一个由智能系统组成的群体被当作一个整体来考量时，也可以分析其目的、行动、知识等成分的形成和演化过程。群体知识直接联系于科学理论，而理论的结构和发展与个体知识所遵循的规律有相当程度上的相似性。最后，讨论结束于智能理论的构建方案。

本书的内容具有很强的连续性，因此不建议跳跃式或随机式阅读。虽然在章节次序上尽量体现了概念间的依赖关系，但反向的依赖性仍不可能完全消除，因此前面章节的一些内容很可能要到后面（甚至到重读时）才能被深入理解。

这份纲要来自我多年来的研究笔记，其两个早期版本曾于20世纪80年代在小范围内交流过。英文版从2008年开始在我的个人主页上发布，至今已经过若干次修改，而中文版在其基础上进行了更新和扩充。本书的出版受惠于顾凡及先生的建议和帮助，特此致谢。同时，感谢上海科技教育出版社愿意尝试这样一本内容和体裁都相当另类的书。

第1章

信息系统

1.1 从"定义"说起

如前言中介绍的,本书要提出一个关于"智能"的新理论。但我们的讨论要从信息系统开始,以便为后面的表述准备适当的术语和概念框架。性急的读者如果跳过这一章,可能会对后面的定义和结论产生误解。

每个新理论都会包含对其中的核心概念的新理解,而这常常表现为对这个概念的重新定义,以明确其在理论中的含义。和一般字典、词典里反映当前普遍用法的那些定义不同,这种定义被称为"工作定义",更多地代表着提出者对相关问题的独特看法。工作定义和字典定义当然不能毫无共同点,否则就不如另找个词了。

本书会以相当多的篇幅表述对"智能"及其相关概念的新工作定义,并据此讨论各种问题。但在提出这些新定义之前,我们先要想清楚需要什么样的定义。

首先,定义不像给现有事物起个名字那么简单。"智能"也好,"信息"也好,都是我们模模糊糊觉得有这么个东西在,但又说不清。不同的人,感觉也不一样。一个科学理论需要通过下定义的方法为概念给出一个相对简单、明确的边界,以避免在后面的研究和交流中出现误解。

由于日常语言中概念的本来面目就是含糊、可变、多义的,因此在一个领域中,一个概念有时存在多个定义。这些定义之间的差别通常不是"对错",而是"好坏"。这就是说,一个新定义广泛被接受,通常是因为它为解决相关问题提供了更有效的视角或思路,尽管这并不意味着和它不同的那些定义就一无是处了。

　　一个工作定义一般会为一个概念提供充分必要条件。以"智能"为例,这样的一个定义会为什么有智能、什么没有智能提供一个标准,以指导对这一现象的分析(如对于人类智能)、识别(如对于外星智能)、构造(如对于人工智能)等。建立这种定义的最常用方法之一就是"属加种差"的方法,就是在一个更大的概念("属")内画出一条线("种差")。比如,把"脊椎动物"定义成"有脊椎的动物",把"飞机"定义成"会飞的机器",都是这个办法。当然,提供工作定义后仍不可能完全消除解读时的歧义,而只能减少误解。理解结果的不唯一性是后面会详细讨论的一个问题。

　　在这样的一个定义中,对属和种差的选择既不是随意的,又不是唯一的。以"智能系统"为例,这里的"种差"显然是要画在"有智能"和"无智能"的对象之间,即使我们把智能看作程度差别也是如此。这条线我们要到下一章才会明确地画出来。我们目前要决定的是这个定义中所用的"属",即一个包含所有智能系统和若干种没有智能的系统的概念。

　　我在前言里说了,这个理论所依据的一个基本信念就是"人类智能只是智能的一种表现形式",而在现有的相关研究中至少已经涉及了智能的5种形式:人类智能、人工智能、动物智能、群体智能、外星智能。它们都应该被包含在这个待确定的属概念之中。

　　在定义概念时的一个常见误解就是认为包容性越大越好,其实包括的东西越多,对它们都适用的结论就越少,概念的使用价值也就随之降低了。这就是所谓"外延与内涵成反比",后面会详细讨论。如果根据某个定义，所有东西均有智能，只是高低不同，那这实际上就把智能这个概念掏空了。因此，要说清怎么算"有智能"，必须同时说清怎么算"没智能"。

作为前述5种智能形式的对立面，我们至少要考虑两类非智能系统。首先，大部分的低等动物是没有多少智能可言的。它们组成的群体（如蚁群和蜂群）是另一回事，但那已经涵盖在群体智能之下。其次，传统的机器，包括现存的大多数计算机系统，是没有多少智能可言的。后面这一点会有争议，因为有人认为，只要一个计算机系统代替了人的部分脑力劳动，那它就在一定程度上有智能。对智能的这种定义是可以自圆其说的，而且实际上当前很流行，但我不认为它是个好定义。从理论上说，这种观点认为传统计算机系统和人类智能只有程度的差别，而我认为这二者有原则上的差别；从实用上说，如此定义的话就不再需要一个"人工智能"的标签了，因为其内容已经被"计算机科学"和"信息处理技术"所包括了。

这样一来，我的智能定义所需的属概念至少要包含上述5类正例和两类反例。在动物学、植物学、矿物学等"属加种差定义法"广泛应用的领域，属概念一般取所有符合条件的候选者中最小（最具体）的那一个，这样在刻画种差时就可以忽略大量已经被排除在属概念之外的因素。但这个办法在我们这个问题上遇到了麻烦，因为上面的讨论表明，"智能"的使用范围是严重"跨界"的。不仅"有机/无机"和"个体/群体"的界限在这里被跨越了，而且外星智能是否真的存在我们都不知道。如果用"系统""客体""对象"等几乎包罗万象的概念，则会给后面的种差的选择造成麻烦，因为要排除的东西太多了。

解决上述矛盾的办法就是使用抽象定义,即有选择地考虑对象的一些属性,而有意识地忽略另外一些属性。其结果就是包含在同一个抽象概念下的对象仅仅是在某些方面相同或相似,而在其他方面可以非常不一样。这就是我为什么选用了"信息系统"这个概念作为定义"智能系统"的范围(即上述的"属")。

1.2 作为方法论概念的"信息"

"信息"这个概念近年来日常使用频率很高,但其意义的混乱程度绝不在"智能"之下。由于本书的着重点不在这个问题上,这里不涉及其中的所有方面,而只是集中讨论几个要点。

由于香农(Claude Elwood Shannon)的信息论无论是在理论上还是在应用上都取得了巨大成功,很多人以为关于信息的基本问题已经在香农的信息论中得到解决了。比如,一条信息的"信息量"就是它所排除掉的不确定性的量,可以用"熵"来度量。他们没有注意到,在这个理论中"信息"是在一个非常特定的意义下被讨论的:信息论首先是关于通信中的编码和传输问题的,而且预设了一套代码中所有符号均有确定的出现频率。尽管这个预设在很多应用情境中可以足够好地被满足,但它仍有使用局限。比如,由于通信环境和需求的变化,一个符号的实际出现频率在一个较大的时间尺度上就不再是个常数。以汉语为例,各个汉字的使用频率在一年内变化不会太大,但10年就不好说,100年就肯定变化了。如果以词为单位,这个变化还会更迅速、更剧烈。即使在同一个时段,语境的不同也会造成使用频率的不同。

更重要的是,这个信息量定义完全没有考虑语义,因为一条消息所传递的含义丰富与否和其中符号的出现频率并没有稳定的对应关系。当我们说"听君一席话,胜读十年书"的时候,是在日常意义下说这一席话"信息量大",但并不是指它都是由罕见的符号所组成的。实际上我们日常所用的"信息"概念的覆盖范围已经远超信息论的合理使用范围,因此不能生搬硬套其中的结论。

对"信息"的一个更大的误用就是将其"本体论化",即认为某个对象中所含有的信息是这个对象的固有属性,而与观察者无关。比如,一个流行的说法是"自然界是由物质、能量、信息这三种要素组成的",还有人讨论一个对象中"到底有多少信息"。在我看来,这些说法只在某些特定解释下才有意义。以本书为例,其中到底有多少信息呢?当然原则上我们可以通过对其中用字的统计,结合当前各个汉字的使用频率,算出一个香农信息量,或者简单地统计其中的字数或查看其电子版所占的存储量,但这大概都不是人们期待的回答。有些人可能读后一无所获,而另一些人可能由于这个阅读经历以及所触发的思考脱胎换骨。无论如何,不同的读者从一本书中所获得的信息无论是在"质"上还是在"量"上都可能非常不同,而且很难分清其中哪些信息的确是来自书中,哪些是读者自己夹带的"私货"。

我认为在"信息"这个概念的日常使用中,和含义有关的成分远大于和通信、编码有关的成分,因而它极大依赖于信息的接收者。这就是说,在没有明确对于谁而言的情况下,问一本书或一句话"含有什么(或多少)信息"是没有确切意义的,甚至信息发送者的意图都并非总是可以提供确切标准。

在明确了接收者的情况下,我们说"张三得到了李四进屋的信息"和说"张三看到李四进屋"是不同的,因为前者还包括"张三听到李四进屋""张三嗅到李四进屋""张三听说李四进屋""张三推断出李四进屋"等情况。所以,说"信息"这个词通常对应着一定程度的抽象,就是说张三在心里相信了某事件(李四进屋)的发生,而不涉及这个信念建立的具体过程——也许我们不知道,但更多的时候是因为这个过程无关大局,因为不管张三是怎么知道的,他后面的行动都一样。

当我们称一个系统为"信息系统"或"信息加工系统"时,所体现的就是这样一种抽象。这个名称联系于一套术语和描述方法,据此我们可以在忽略大量细节的情况下讨论并确定这个系统以及相关过程的很多规律与特征。这也说明,我们可以把很多本来非常不同的对象当作相同或相近的来研究,因为它们的不同点都已经从"信息"这面"筛子"的缝隙中漏下去了,留下的是某些重要的共同点。还有一个比喻是,把信息及其相关术语和方法看作一个有一定放大倍数的偏振光眼镜,我们透过它所看到的是对象在一个特定的观察角度和尺度上的影像。正是这种筛选,使得某些埋没在无关细节中的规律性显现出来。

我为什么要坚持"信息"及其相关概念的"方法论性质",而反对将其"本体论化",原因就在于此。按照这种观点,有意义的问题不是"这个对象是不是信息系统",而是"是否应该将这个对象看作信息系统"。对后者来说,答案不仅依赖于对象,也依赖于当前情境。比如,一台笔记本计算机,当你用它编程序的时候,应该把它看成信息系统,但如果你用它取暖或照明,那把它看成信息系统就不大必要了。一旦我们把一个系统作为信息系统来看,就说明我们要用一套特定的抽象术语来描述它的内部和外部事件,而放弃使用物理学、化学、生物学等层面上的描述。尽管这些描述方式仍可能是正确的,但它们只是这些信息传递和加工过程的实现细节,因此不会在讨论中被提及。如果这些"低层描述"不可以被忽略,那就说明这个过程不适合被抽象到"信息"层面上来描述。

这就涉及使用计算机时的一个重要的差别:当计算机中的一个过程对应于外部世界中的一个实际过程时,在什么条件下这个过程真的在计算机中"发生"了,而不仅仅是被"模拟"了?让我们比较一个"打台球"的程序和一个"下围棋"的程序。我相信大部分人会说,前者不是真的在打台球,而只是在模拟打台球;后者是真的在下围棋,而不是在模拟下围棋。在两种情况下,计算机都是在"信息"这个层面再现了相应的外部过程。对打台球这个过程来说,尽管这个再现的确保留了相应的外部过程的某些重要属性(因此可以用来演练技术),但仍缺失某些不可以抽象描述的属性(如台球的物理运动),而正是这些属性构成了台球的核心属性。与此相反,对下围棋而言,其核心属性(在何时于何处落子)都可以在信息层面被保留,而那些不可以抽象描述的属性(如棋子的重量和手感)都不构成围棋的核心属性。

在"信息系统"这个"属"中来建立"智能"这个"种差",其背后的预设,即智能与非智能的差别是一种抽象差别,与"有机/无机""碳基/硅基""动物/机器""个体/群体"等具体差别无关。这种"打通人机之别"的努力当然不是个新想法。远的不提,在20世纪中叶计算机出现以后,很多人都看到了机器和人脑的这种相似之处,而且试图从不同描述角度和抽象层次刻画这种相似性,甚至同一性。除人工智能外,控制论、信息论、认知科学等也都持这种立场，尽管各自的抽象方式不同。简单罗列作为生物体的人和作为机电设备的计算机之间的差别，是不能否定这种抽象的可能性的。

在这里，我的相关概念体系是：

- 在所有认识对象当中，可以分析其内部结构和外部关系的称为"**系统**"。
- 在所有系统当中，可以将其内部结构和外部关系抽象描述为状态及其联系和变化的称为"**信息系统**"。
- 在所有信息系统当中，具有某种特殊性质的称为"**智能系统**"（下一章将确切描述这种性质）。

当系统被视为信息系统时，它的内部活动被称为"信息处理"，抽象地描述了系统的成分如何相互响应；它的外部活动被称为"信息传递"，抽象地描述了当环境状态发生变化时系统状态如何变化。"信息"是对系统或其环境中状态或状态变化的抽象描述，不是具体的事物。

1.3 信息系统的内部描述

主要成分

根据前面的讨论，可知包括在信息系统范围之中的对象主要是各种动物、机器，以及由它们构成的群体。这些对象显然在细节上千差万别，那么它们在什么样的抽象描述下成为可以相互比较的呢？仅说它们"在外部信号作用下经过了一系列内部状态"（这是自动机理论的描述框架）当然不错，但还没有详细到满足我们目前的需要。

如果我们要把一个系统作为信息系统来分析，那应该是因为这个系统具有某种内在规定性，其建立和维护不依赖于具体的内部过程和外部影响，否则使用和信息相应的描述方式就没有太大价值。比如，决策过程就常常被看作一个信息加工过程。"张三得到了李四到达的信息后就决定和他联系"是个有意义的描述，因为这比描述张三在此过程中的全部神经和躯体活动简单得多，而且仍能以人们习惯的方式有效地描述事件之间的关系。与此相反，在描述一场台球赛时说"白球在和红球接触时向后者传递了关于它将要移动的方向和速度的信息"，则听上去远不如用物理学语言来描述两球的碰撞来得自然和有效，因为这里使用信息加工这个层面并没有令描述和分析更简单或更清晰。

当我们说某个系统有"目标"时，这通常意味着该系统中的变化不能完全解释为由环境的变化所造成，而是需要考虑某种内在稳定性或指向性。

当系统进行状态更改以实现其目标时，可以将一些基本状态的更改视为系统可以在其内部执行的"行动"；类似地，系统和外部的一些相互作用也可以被抽象成系统的行动。

目标和行动之间在系统内的关系可以被抽象为系统的"知识"或"信念"。比如，如果某目标的出现通常触发某动作的执行，我们可以说系统"知道（或相信）该动作将实现该目标"。

对于一般的信息系统，目标、行动和知识都是被抽象描述的，而不依赖于由其他学科（如物理学、化学、生物学、电子学等）的语言所描述的具体过程(尽管一定有某些具体过程来实现所谓的"信息加工")。这种描述是我们在观察和分析这些系统时所使用的,并不要求这些系统能够有关于其目标、行动和知识的自我意识。

目标

在本书的讨论中,大致可把"目标"与"目的""动机""意图""驱力""任务"等词看成同义词。在一个信息系统中,一个目标可以是系统试图到达或保持的状态或状态集,也可以是系统状态变化方向。我们可以分别称它们为"可到达"和"不可达"的目标。

一个系统或过程是否可以被视为"有目的",这在讨论人类行为时有公认的标准可循,尽管仍有模棱两可的情况。把这个描述用到动物、机器、群体乃至自然现象当中,则有时非常自然,有时颇为牵强。哲学思潮中的"目的论",其最强形式就是认为一切事物均有目的。我在这里不取这种将"目的"本体论化的立场,而是又(和"信息"一样)将其看作一个方法论概念。在我看来,对一个过程的"目的解释"是用系统的未来状态来推断其发展过程,这恰恰与用过去状态来推断其发展过程的"因果解释"在时间顺序上相反。引入目的解释的需要来自其他解释的欠缺。还是以台球为例(因为这是传统因果观念的典型应用场景),说某个球在碰撞后的移动方向"体现了它的目的",这大概只会在童话书里出现,但如果说这体现了击球人的目的,那就没有问题了。

一个信息系统参与的每个过程一般可以被自然地看成是由目标驱动或引导的,而非信息系统则不然,这是有原因的。由于信息系统采用抽象描述,其中的过程可以通过状态之间的联系得到目的性解释,而非因果解释,因为后者往往要借助于具体的低层(物理学、化学、生物学等)描述。只有在一个未来状态可以通过多种方式来实现的时候,将其抽象地描述成"目标"才有比直接的因果描述更优越的地方。维纳(Norbert Wiener)认为控制论属于对"目的论机制"的研究也是出于类似的考虑。

一个信息系统往往同时具有多个目标,并且其目标集可能随时间变化而变化:有些原有目标消失了,而另一些又会从现有目标中产生。下面我们将区分系统生而有之的"初始目标"和从它们当中逐步产生的"派生目标"。动物的初始目标是由其遗传因子决定的,主要是生存和繁殖;机器的初始目标是其设计者所确定的,因此可能是各种状态或方向。有很多初始目标不能直接被某个行动实现,而是需要逐步细化和展开,通过大量派生目标的实现而实现,并且派生目标又会生成下一层的派生目标,以此下去,直到可以被行动实现为止。

当系统有多个目标时,它们不一定彼此一致,反而可能会竞争系统的资源。系统通常有某种控制机制来处理其目标之间的冲突和竞争。因此,在给定时刻,系统的活动可能只能由其现有目标中的一些(而非全部)所决定。

行动

一个目标的最终结果无非是被实现了或被放弃了,而实现又包括主动的和被动的两种情况。在信息系统中,目标的主动实现是通过系统采取某些行动来完成的。因此,所谓"行动"就是在系统内部或环境中发生的那些受系统控制的事件。这里"受系统控制"与否又是根据方法论判定的,即这些事件发生的原因不能简单地归结于由当前环境造成的,而是需要解释成其是实现某个系统目标的手段。与此相反,"被动实现"是指环境的变化恰好满足系统的目标,尽管它什么也没做。当然,这两方面也会相互结合,类似所谓"努力"和"机遇"的关系。

与目标一样,系统可用的初始行动是先天确定的。在动物中,遗传因子和生长环境决定了其基本行动(如可能的关节和肌肉活动);在机器中,设计和建造过程决定了其基本功能(如计算机装机时所包含的软件、硬件)。

在初始行动不变的情况下,系统的行动能力增长可以通过两个途径实现:一是将简单行为组合成复杂行为,二是借助于外界工具。前者原则上不会扩大系统可能解决的实际问题的范围,但可以极大提高工作效率(一气呵成,不必一步一步琢磨了)。后者则会直接扩大系统能力,例如,"按电钮"这个动作可以实现许多不同的结果(取决于按钮所控制的设备),其中很多结果是一个人"赤手空拳"时绝对做不到的。当然,在后一种情况下,"系统"被扩充到包括所用的设备。

知识

信息系统的生命过程(对动物而言)或使用过程(对机器而言)可以被看作不断通过采取适当的行动来实现目标的过程,而目标和行动之间的联系可以被看作系统的"知识"。这里,"知识"这个概念是在广义下被使用的。也就是说,只要一个动物或一台机器采取行动A来实现目标G,我们就认为它有"A可以实现G"这条知识,而不要求它自己可以将这个联系作为直接处理对象(如可以对其表述或者反思),也不要求知识必须是正确的。因此,在下面我会把"知识"和"信念"基本作为同义词来用。

一般而言,我们可以说知识是信息系统的内部联系。在最简单的形式中,一条知识将目标直接链接到可用于实现目标的行动。这在动物中体现为条件反射,而在计算机中体现为程序调用。此外,知识可以描述(目标、行动、知识中的)复合结构与其成分之间的关系、各个行动的前因后果,等等。总的说来,所有这些内部联系最终会将系统的动作与其目标联系起来,以使用前者来实现后者。这种知识观和那种认为知识"表征了外部对象及其关系",因此提供了"世界模型"的流行观点有根本不同。

系统能力和制约因素

在任何一个给定时刻,一个信息系统的"能力"体现为它可以实现的目标集合。这表现在它的知识之中那些直接用行动来实现的目标。

除了这种"现有能力"之外,系统还可以有很多"潜在能力",即那些可能通过某种动作组合实现的目标。有些系统可能通过学习、探索将某些潜在能力转换为实际能力,但另一些"潜力"由于缺乏必要的知识,目前仍然超出了系统的能力范围,尽管它们"在原则上"是可以做到的。因此,系统能力的一个主要制约因素就是它的现有知识。

另一个制约因素是系统的资源供应。这里"资源"主要是指信息加工所需的处理时间和存储空间。由于在给定时刻的每个具体系统只具有有限的信息处理能力,并且每个实际问题都附有时间要求,因此资源需求超出目前系统供给限度的"能力"不能算是实际能力。比如，一般来说，"把所有可能性都考虑一遍"不是解决问题的有效方法，除非所涉及的问题极其简单。

1.4 信息系统的外部描述

系统与环境

一个系统和外部环境的相互作用往往是在多个渠道中通过多种介质实现的。对于一个信息系统来说，这些相互作用总可以被抽象地描述为在若干相对独立的输入输出通道中系统状态和环境状态的关系，而不涉及这些关系的具体实现方式。这种抽象是可能而且需要的，因为系统与其环境之间的同一个状态联系通常可以通过多种具体的相互作用来实现，而这种抽象描述可以过滤掉不重要的细节，只表述这一过程中的不变量，即状态关系，这正是"信息"及其相关概念的用途。当我们说系统"发送或接收了信息"的时候，并不是说系统与环境没有物质和能量交换，而是说忽略这些物质和能量交换的细节（统称"信息载体"）不影响当前的讨论。

一个信息系统有哪些输入输出通道，在根本上是由系统的实际构造决定的。这在动物身体上体现为其感知运动器官，而在计算机中体现为其外部设备。人类可以使用工具和设备建立新的通道，并将其中的信号转换成已有通道中的信号（如指南针、收音机和雷达）。计算机在联结新型外部设备时也要求相应的软、硬件以完成所需的信号转换。

对一个信息系统而言，其所在的环境实际上被其输入输出通道的覆盖范围所定义。这听上去像是贝克莱（George Berkeley）的"存在就是被感知"，但其中还是有需要澄清之处。说我们感知不到的东西就不存在，这听上去的确有点荒唐，因为"存在"的依据不应该被限制为个体的当前直接感知。其实，认为"存在"与被感知完全无关也同样荒唐。说有些存在物永远不可能被任何观察者直接或间接（通过使用仪器设备或经由推理）感知，同说这些东西不存在，并不造成任何实际差别。因此，有理由认为，"存在"就是"有被（直接或间接）感知的可能性"。

这也说明，有不同输入输出通道的系统会有不同的"世界观"，即使它们共处同一个环境也是如此。当然，这些世界观不会完全没有共同点或对应关系。在这种情况下，不能说哪种世界观更接近"世界的本来面目"。给每个系统灌输相同的"世界观"并不能完全解决这个问题，因为其中的概念如果不能和系统自身的经验无缝对接，也就无法有效影响系统的行为。

一个耸人听闻的说法是，我们实际上生活在外星人设立的一个模拟环境中。如果这样的一个模拟环境真正做到了天衣无缝，我们的确没法分辨，因为不管你干什么，真实环境和模拟环境都会做出同样的反应。根据同样的理由，环境到底是真是幻，对我们来说也就没有区别了。那为什么还要考虑这样一个将问题复杂化的可能性呢？

输入和输出

在信息系统中，输入和输出过程都可以被视作系统为实现某些目标而采取的行动。其中的输入方面常常被描述为系统对环境的感知，而输出方面被描述为系统行动在环境中所造成的改变,尽管这两方面原则上是密不可分的。

输入行动可以由内部目标(需要)所触发,也可以由外部状态及其变化(刺激)所触发。行动的结果是系统获得了新知识,其内部状态也会有所改变。粗略地说,在系统内部建立对外部信号的表示是"感觉",而对这些表示的进一步加工是"知觉",合称"感知"。

输出行动也可以在内部或外部触发(满足自身需要和对刺激做出反应)。动作的结果是内部(在系统中)或外部(在环境中)的某些状态变化,分别是自发运动或对刺激的响应。这个过程有可能分为"规划"(确定行动方案)和"执行"(实际采取行动)两个阶段。

输入和输出的相互作用可以体现在不同的时间尺度上。

一方面,输入信息的获得常常是系统行动的直接结果,正如我们"看到"和"听到"的都是我们"看"和"听"的收获。另一方面,即使是那些不以获取信息为主要目标的操作,如"推"和"敲",也都会得到反馈信息。在这些"动作导致感知"的过程中,我们可以认为这两个步骤是同时发生的,尽管严格说来是动作在先。

在一个更大的时间尺度上,更常见的关系是"感知导致动作"。像心理学中的"刺激-反应"或计算机中的"问题-解答"。这里两个事件之间的时间次序是明显的,尽管具体时间间隔取决于相关事件的性质,彼此差别可以非常大。

最后,我们可以在更大的时间尺度上考察系统的输入输出关系,这里的时间段可从涵盖多个刺激反应和问题解答周期到系统的整个生存过程。在这种情况下,我们可以将系统的"输入流"和"输出流"分别看作系统在这个阶段中的"经验"和"行为"。

通信和语言

当一个信息系统的直接相互作用对象是另一个信息系统时,这个相互作用往往可以被描述为"通信",两个系统中的"发送者"采取输出动作,而"接收者"采取输入动作。和其他相互作用不同的是,在分析一个通信过程时一般不需要考虑感知运动的细节,而完全依赖于"信息发送""信息接收""信息传递"等抽象描述。如前所述,这不是因为信息不需要载体,而是因为载体可以被忽略。

为提高信息传递的效率,参与这一互动的诸信息系统往往使用某种"语言",其中的"符号"是某些特殊的信号,其意义很大程度上不依赖信号本身的(物理学、化学等)属性,而是根据约定"代表"其他信号或符号及其组合结构,形成了一个"第二信号系统"。广义上的"语言"包括这样一个符号系统以及关于如何在通信中使用这些符号的约定。

一个信息系统的语言通道是对输入输出通道的抽象描述,而基本忽略语言交流的载体以及在其上发生的低层细节,如编码、译码、信号识别、信号发生等过程。

1.5 本章小结

本书的讨论都是关于信息系统的。在一个简单的描述框架中,其内部成分包括目标、行动和知识，而和外部环境的相互作用构成其经验和行为。

这套术语将被用来统一地描述智能系统和非智能系统，并跨越"生物/机械""个体/群体""现存/可能"等界限。凡不能被这一套术语所描述的问题都不在本书考虑范围之内。

本章引入的这些术语本身也都有可进一步分析的细节，其中有些会在后面展开，而另一些会被忽略，因为任何理论都需要一个起点。希望读者可以容忍我对这些术语的工作定义，并看我在此基础上能构建出一个什么样的理论和解决哪些问题。

第 2 章

智能系统

2.1 定义"智能"

必要性和可能性

通过第1章的准备,我们现在已经有一套合适的词汇来直面本书的核心问题,即区分智能系统和非智能系统,或者为"智能"提供一个"工作定义"。

在讨论这个定义的具体内容之前,我先要反驳两种常见看法,一种是认为这个概念已经有定义,而另一种是认为这个概念无须定义。二者对现状的评价相反,但共同的结论是此事没必要讨论。

认为"智能"已经有定义的观点主要是强调要尊重这个词的习惯用法,这里包括其字典定义中所反映的日常意义,心理学中关于人类智能的研究成果,以及人工智能当前的研究范围。我认为虽然这些用法都需要被考虑,但其中的不一致之处太多,无法统一成一个相对简单、明晰的定义。

认为"智能"无法或无须定义的人很大程度上也是出于上述原因。在心理学中,关于智能及其相关的概念(如"智商")已经争论多年了,而在人工智能领域中,这个争论甚至在这个领域实际成型之前就开始了[如图灵(Alan Mathison Turing)的前瞻性讨论]。时至今日,在这两个领域中的共识(如写在教科书和征稿信中的)基本上都是各派的妥协和平衡。为了教育和交流的目的,这样的定义是合适的,但作为一个理论的基石或一个工程的目标,这种定义就未免太"泛"、太"杂"或太"虚"了。

对智能的不同理解都不是全无根据的,也都会产生有价值的理论和实际结果,但问题是它们会把研究引向不同的方向,而且最终并非殊途同归。实际上,更常出现的结果是南辕北辙。

因此,尽管没有一个定义可以涵盖和"智能"有关的全部问题,我们仍有必要根据目前的研究成果建立一个相对清晰的工作定义来作为这个关于智能的一般理论的核心概念。

在哪里划线

现有的智能定义至少有上百个,所以这里我不可能一个一个地讨论。一个相对简单的办法就是,先用外延标准来排除那些不合乎本书要求的。这就是说,要看一个定义是否包含了上一章列出的5种(已知的或可能的)智能形式,即人类智能、人工智能、动物智能、群体智能和外星智能,同时还要能排除两种系统,即低等动物和传统的计算机。按这种标准,一个不合适的定义可能失之"过窄"或"过宽"。

定义过窄常常体现为"人类中心观"。由于几乎所有的智能定义都来自对人类智能的抽象,人们容易认为后者是前者的存在性证明和最可靠实现方式,以至于不自觉地将二者等同起来。这种定义将智能系于人类某方面的特质,其结果是从根本上排除了其他形式的智能存在的可能。这里最典型的一个例子就是用"图灵测试"(言语行为上和人不可区分)作为人工智能的定义,尽管图灵本来是将这种测试作为智能的充分条件(而非必要条件)提出来的。另一个例子是将神经元水平的脑模型作为实现"真正的智能"的唯一途径。向大脑学习,或者更一般的仿生学途径,一直是人工智能的重要灵感来源,但以此原因排除其他可能产生智能的结构却未免是作茧自缚了。这种研究的科学性无可置疑,但根本就是使用计算机研究人类智能,与试图将其抽象至涵盖"非人"系统的尝试是两回事。人工智能不应该被混同于人类智能模拟。

定义过宽常常体现为某种"泛智能观",即认为所有系统——至少是所有信息系统(动物和计算机)——都有智能,只是程度不同而已。这种观点的主要根据是"智能"在很多情况下被看作解决问题的能力,因此这种定义在心理学和人工智能中往往被看成是毋庸置疑的。但这样一来,"智能系统"和前述"信息系统"就基本重合了,因为"解决问题"和"实现目标"是一回事。如果"智能"仅仅是一个促销时使用的标签,那么其理论意义就基本不存在了。常规的计算机系统和低等动物已经能解决很多问题,而且在很多领域早已远远超过人的能力。即使如此,绝大多数人仍直觉地认为它们不能算有智能,这就说明日常意义下的"智能"不能简单归结为解决问题的能力。

在这两种极端观点之间,一个常见的折中方案是,把"智能"定义成一个认知功能集,其中包括推理、规划、学习、抽象思维、问题求解、模式识别、操作控制、语言运用等,然后把其中的每个功能定义为一个从某种输入数据到某种输出结果的映射(或称函数、计算)。恰当的功能选择的确可以给"智能"这个概念以我们希望的外延,但在刻画其内涵时显得任意:为什么是这些映射(而不是别的)被看作智能的一部分?这种定义的另一个缺点是把上述功能说成是彼此独立的,因此自然导致"分而治之"的研究和开发策略,所以对心理学和人工智能研究中的"碎片化"现状负有责任。如果智能真的只是个什锦拼盘,那么也就没什么统一的理论可能被建立起来了。

智能的反义词

在关于智能定义的讨论中,目前尚未得到足够注意的方面是,这个定义所要排除掉的是什么。如果什么都算智能,这个概念也就没什么内容了。

在人工智能研究中,很多人都注意到一个奇怪的现象:一旦一个问题被解决了,大家就会觉得这不过就是个普通的计算过程,没有什么智能可言。就好像我们一旦知道一个魔术是怎么变的,其中的魔力就消失了。这似乎导致了一个荒诞的定义:人工智能就是指那些尚未在计算机上实现的功能,而一旦实现了,它也就不算是人工智能了!

这个现象常常被大家作为笑话来说,也屡屡被人工智能从业者用来抱怨外人对这个领域的偏见,尽管许多业内人士也不乏同感,但我觉得对此不能一笑了之。传统人工智能研究中,所谓"解决了一个问题"或"实现了一个功能"一般是指将其表述成了一个计算,并且找到了一个算法来完成这个计算。现在公众的反应恰恰说明,"计算"不算"智能"。

这里我要先澄清一个广泛存在的误解。在计算机科学中,"计算"不是泛指"计算机能做的那些事",而是有明确且严格的定义的一种分析和使用计算机的方式。这个概念起源于数学,而后被计算机理论继承了。如果不使用符号和术语,我们可以说理论意义下的"计算"(或者叫它"图灵计算")是一个由基本操作构成的有限且可重复的过程,借此可以从一个输入得到一个相应的输出,而"算法"则是对这个过程的严格抽象描述。

说"计算"不是"智能",这不仅仅是一种直观感受,也有其理论原因。关于计算和算法的研究已经相当成熟,所以如果一个过程可以用这一套概念来描述,再引入一个"智能与非智能"之分就没有什么必要。在应用中和市场上,"智能"常常被用来表示"高级""复杂"的信息加工,但这种用法完全没有理论意义。同样,把一部分计算过程和另一部分区别开来,仅仅基于它们是否也在人脑中被完成,也是一种没有太大理论意义的区分。从学科定位的角度看,只有在"智能"不是"计算"的时候,"人工智能"才有可能成为独立于计算理论之外的新领域。

实际上,一些人正是从这个角度反对人工智能的可能性的。他们的论证大概是基于两个前提:(1)智能(或者说认知、思维、意识等)不是计算;(2)计算机所做的都是计算。然后,从中推出结论:计算机不可能真正有智能等性质。以往人工智能的支持者们都是通过反对(1)来驳斥这类结论,但我反而认为(1)是正确的,有问题的是(2)。基于这个认识,在我的理论中"智能"的反面是"计算"。

上面这个区分是在计算机系统中做出的。在将动物作为信息系统来分析时,我认为扮演"智能"这个概念的对立面的是"本能"。在这里,"本能"是指动物那些与生俱来(当然往往需要一个成熟过程)的能力,无须学习和探索,也和个体经验基本无关。

使用信息系统的术语,一个具体的"计算系统"(传统计算机)或"本能系统"(低等动物)可以统一描述如下:

- 系统的可能行动是一个确定的集合,不随时间而变。
- 系统的信息加工资源(处理能力和存储空间)也是确定不变的。

- 系统(通过设计或遗传得到)的知识将行动组织成程序或技能,每个可以实现一个确定的目的。
- 系统所能实现的目标由其知识和资源确定,不随时间而变。

为了强调其"能力由先天因素确定"的特征,我在下面将此类系统称为"本能系统",而把一个计算机系统的依据设计得到的能力也称为其"本能"。

智能的工作定义

与本能系统相同,一个智能系统也有一个确定的可能行动集,而且其加工能力和资源也是有限的。智能系统和本能系统的根本差别在于,是否能从后天经验中获取知识,以扩充其所能实现的目标范围。这就体现在下述定义中:**智能是一个信息系统在知识和资源相对不足时的适应能力**。

这个工作定义包含下列要点:
- 智能是在信息系统这个抽象层面上定义的,因此容许多种实现方式,而与"有机/无机""碳基/硅基""动物/机器""个体/群体"等具体差别无关。
- 知识和资源的不足是相对于系统试图达到的目标而言的。这说明系统不能总是通过选用一个现成的程序或技能来实现每个目标。
- "适应"是指系统从其历史经验中提取知识,并据此应对当前情景以及为未来做准备。

后面两点会在下面章节中展开讨论,但起码这个定义明确地区别了"智能系统"和"本能系统"。和其他常见的智能定义不同,这里的关注点不是系统能解决哪些问题,而是这些解决方案是先天确定的还是后天习得的。相对于一个实际问题而言,智能所提供的解法未必比本能提供的好。相反,本能所提供的解法往往更稳定和高效。智能相对于本能的优势是其应对超出后者能力范围的可能性。

虽然上述定义在智能系统和非智能系统之间划定了一个相对明确的界限,但是它仍然允许智能被视为一个程度,就像我们平时使用这个概念时一样。一个智能系统的智力水平的高低大致对应系统的适应范围和资源利用效率,而非在某一时刻的解决问题能力。和前面提到的"泛智能观"的差别在于:根据这个定义,本能系统(低等动物和传统计算系统)完全没有智能,无论它们的本能可以解决多少实际问题。

2.2 智能与制约

不足预设

与其他目前常见的智能定义相比,这个定义最不寻常之处是要求一个智能系统必须能够在"知识和资源相对不足"的条件下工作。由于这个关于系统工作环境的预设在下面会反复用到,以后将简称其为"不足预设"。具体说来,这个预设包括三个方面:

- **有限性**:系统必须基于有限的信息处理能力来工作。在一个计算机系统中,这就是指处理器的数量和速度都是确定的,存储器的容量也是确定的。

- **实时性**：新目标和新知识可能在任何时候出现，而且每个目标都有时间要求。这就是说，目标的达成对系统的价值常常是随着时间降低的，这就包括了有截止时限的情况和"越快越好"的情况。
- **开放性**：对新目标和新知识的内容没有限制。当然，对它们的形式（信号的种类和格式等）总还是有限制的，否则系统无法识别。

当一个信息系统在这种预设下工作时，它的现有知识和资源相对于当前目标的要求而言一般来说是不足的。其结果是常常会出现下列情况：

- 系统遇到一个新目标，而现有的知识没有提供一个解法（也许是还没有找到，或者根本就在系统力所能及的范围之外）。
- 系统遇到一个新目标，而没有时间考虑所有相关知识来为其找一个最优解。
- 系统知道如何实现一个目标，但没有足够的时间来完成该解决方案。
- 系统没有足够的存储空间来记忆所有输入知识和导出知识。
- 系统新近得到的知识和原有的知识相互矛盾。

充足预设

在遇到上述情况时，一个信息系统应该怎么办？本能系统是"以不变应万变"，采取不予理睬的态度。对一个传统的计算系统来说，它在一个特定时刻所能达到的目的取决于已有的程序（假定其时空资源要求都可以被满足）。因此，如果上述情况出现，那不是系统的错，而是其设计者或使用者的错：谁让你把那个目标或知识提供给这个系统的？

因此可以说，计算系统是在"信息和资源相对充足"的预设下工作的。这里的"充足"是相对于系统要达到的目标（或者说要解决的问题）而言的。对一个特定问题，"知识充足"意味着系统知道解决这个问题的方法（有相应的程序或技能），而"资源充足"意味着系统可以提供这个方法所需要的计算时间和存储空间。如果对某个问题这个"充足预设"不能成立，那这个问题就在系统的合理使用范围之外，因此可以不予理睬，或设计建造一个新系统来解决。无论如何，系统本身不需要考虑这种问题。

对低等动物所对应的"本能系统"而言，情况是同样的。这种系统所能解决的问题是完全由其先天具有的本能来决定的，其中也包含了系统的信息加工和存储能力。我们完全可以将其解决某个问题的过程描述为执行一个预先编制好的程序，其中的行动就是这种动物所能完成的动作。

因此，一般而言，尽管每个本能系统都受限于有限的知识和资源，但就系统试图实现的目标而言，它们仍然是足够的。对于超出该范围的目标，系统甚至不会尝试。

接受"不足预设"的必要性

不必援引心理学和其他学科的文献，我们也可以看到，人类在很多时候都必须在"不足预设"下工作，而前面列出的情况也是常常发生的。对人工智能来说，即使没多少人像我这样明确地把这个预设作为设计要求的一部分，人们也会觉得智能系统应该能够恰当地应对上述情况。比如,"创造性"普遍被认为应该是智能的特征,而需要创造的时候一般都是现有知识不足以实现目标的时候。因此,智能系统的确有在"不足预设"下工作的必要。

既然如此,为什么现有的智能理论一般都不做这个预设呢?一个主要原因就是其"破坏力"太强了。尽管前面关于有限性、实时性和开放性的要求看上去似乎平淡无奇,但对这个预设的完全接受意味着告别现在绝大多数流行的理论。

前面已经说过,在"不足预设"下解决某个问题时不能依靠面向此问题的程序或算法,而必须加入尝试性的步骤。由于这些步骤的选择依赖于当前环境,整个问题解决过程将不再是严格可重复的(否则只不过是一个变形的程序罢了)。因此,这种问题解决过程将不能有效地用可计算性理论和计算复杂性理论来分析。这就是说,现有的理论计算机科学在这里就不适用了。

系统的开放性对新知识的内容不加限制,这就是说系统内的所有知识都有可能被新知识所挑战,而这种知识间的不一致又不一定是说新知识总可以简单取代原有知识。只是这一条,就已经使得基于经典逻辑和概率论的方案失灵了,因为二者都不能容许系统的知识中存在不一致之处。

上面提到的问题后面都会详细讨论。在这里只是以此说明接受"不足预设"绝不像初看上去那么轻而易举,而是一个"另起炉灶"的决定。恰恰也是因为这个原因,包含这个预设的智能定义才真正对应一个新的研究领域,而不是对一个现有领域的商业化包装。

在实际应用的计算机系统之中,"不足预设"中所包含的要求有时是无法回避的。目前的普遍应对方式之一是,在理论模型中无视这些要求,而把它们留给具体实现这个模型时所采用的特设性的补救措施。这种做法常常是在"理想化"的名义下进行的,也就是说理论模型要"一尘不染",所以要做"充足预设",而当面对滚滚红尘之中的现实之时,难免要"将就"一下,靠一些"变通"来过活了。我认为这种说法在原则上并不错,本书提出的理论当中也对环境做了不少理想化处理。但是并非所有因素都可以这样忽略,因为某些因素的忽略将会根本改变问题的基本性质。我认为"不足预设"恰恰就是"智能"的一个定义性特征,而忽略它之后得到的实际上已经是一个根本不同的问题了。

由于上述问题都不是新问题,因此历史上有多种方法已经被用来处理知识和资源不足的某个方面。例如,一些系统使用"遗忘"机制来管理内存空间的不足;各种"非单调"逻辑使系统在知识不完全的情况下工作,同时对新证据持开放态度;所谓"任意时间"算法允许外界力量(而不是算法本身)决定何时停止对结果的改进。即便如此,很少有系统完全接受上述"不足预设"。相反,系统的知识和资源被认为在某些方面是不够的,而在其他方面仍然是足够的。在我看来,这些模型是在向正确的方向移动,但走得还不够远。它们在解决某些具体问题时可能已经足够,但无法成为一个一般智能模型,因为其中的"不足预设"和"充足预设"的矛盾是不能完全调和或回避的。我们后面会看到,分别建立在二者基础上的系统有着截然不同的设计原则。

2.3 智能与适应

智能背后有道理可言吗？

计算理论、经典逻辑、概率论等理论模型都可以被看作传统的理性观在不同领域中的具体形式，其共同点就是为"正确的结论和行为"提供了标准。"不足预设"实际上超出了这种理性预设的使用范围，因此才有这些理论模型的前提不再被满足的问题。

"不足预设"中的开放性要求系统接受任意内容的新知识，这等价于说未来是不可能精确预测的，或者说系统的所有结论都可能是错的。这实际上是休谟(David Hume)早就论证过的结论。这个论证逻辑严密且直截了当，但常被解读为相对主义或不可知论。为避免这种结果，传统理性模型将某些知识设定为"公理"，即将它们的"真"作为一种约定来接受，这就在一定程度上牺牲了系统的开放性（起码和公理相冲突的事情是不能发生的）。

现在我们要完全接受"不足预设"，也就是说不能容许系统在对未来的具体预测中包含"公理"或"定理"这种不可能错的"绝对真理"，甚至无法保证预测的准确率。但是，我们显然不能认为所有预测及其否定都同等合理，否则就变成"随便什么都行"，也就没什么理论可言了。

要摆脱这个"绝对主义"和"相对主义"的两面夹击，一个可能的途径就是，把智能当作一个纯粹描述性的概念来用（即以准确描述人脑为己任），而不认为它体现了任何规范性或理性。这就是说，我们可以总结人类智能是如何应对这种局面的，但不试图认定这种做法在某种意义下是"最好的"，因此计算机应该这么做。休谟当年就是这么看的,而当代的不少研究者[如吉仁泽(Gerd Gigerenzer)]也持这种观点。

我对这种处理并不满意。我相信作为进化过程的重要结果,智能一定具有某种基本功能,尽管其各种实现方式都有些偶然成分在其中。智能的背后是"有道理"的,体现着某种"理性原则",如果人工智能要具有这种功能,那么它也需要遵循同样的理性原则。因为这个原因,我希望本书提出的智能理论对自然存在的智能形式(如人类智能、动物智能等)来说是描述性的(即符合我们对这些系统的观察),而对人工设计和构造的智能形式(如计算机智能等)来说是规范性的(即为其设计提供指导和根据)。我希望一个人工智能系统的主要设计决定都是基于其在功能上的后果的,而不仅仅是因为"人就是这样的"。

适应也是一种理性

从进化的角度看,智能是适应性的一种形式,这一点早已经被皮亚杰(Jean Piaget)和其他一些研究者指出了。我把智能定义为在"不足预设"下的适应能力,就是要从这个角度建立智能的规范性。也就是说,尽管智能系统不能保证其结论都是正确的(相对于其未来经验而言),它仍能保证其结论都是合理的(相对于其过去经验和当前资源约束而言)。

在信息系统这个抽象层面上,"适应"可以定义为"一个系统对自身及其环境进行改变,以便更好地实现其目标"。在这个语境中,适应有两种主要表现形式:

• 对系统的**先天结构**进行修改。这种修改主要是在种群的代际繁衍过程中实现,即通过选择性地复制某些在历史上表现良好的结构性信息,辅之以独立于历史的突变,以形成多样化的先天结构。然后通过和环境的相互作用来筛选出当前表现好的结构,并重复这个过程。这里的适应是体现在种群水平上的,而其中个体的先天结构和后天行为在其生命周期中可以保持不变。这种适应一般被称为"进化"。

• 对系统的**后天行为**进行修改。这种修改主要是在个体的生命过程中实现,就是通过对经验的整理和总结来调整系统的知识、行动和目的,以期更好地实现现有的目的。这里的适应是体现在个体水平上的,而对类似的环境和任务,系统行为在其一生中有很大变化。这种适应在这里被看作"智能"。

和本能系统(包括计算系统)的"以不变应万变"相反,适应系统是以变化为基本特征的。因为环境的不可精确预测性,不论是进化的"先产生随机变化,然后根据经验筛选保留",还是智能的"根据以往经验决定如何变化,然后根据新经验筛选保留",都无法保证所有变化都取得预期的成功,而这就是这些行为无法符合传统的理性模型的根本原因。这里所谓"适应",是指系统的变化的努力方向,而不是指保证这些变化的实际效果。由于未来不是严格可预测的,适应行为的失败是不可能完全避免的。

虽然"智能"和"进化"有相似之处,但它们的差异也很重要。对于一个系统,智能产生的变化通常更加保守、渐进和谨慎,而进化产生的变化通常更为激进、突然和冒险。一般来说,我们不能说哪一个更好,因为它们适用于不同的情况。相似地,虽然"智能"通常被用作褒义词,但并不意味着这种系统在实现其目标的能力方面总是优于本能系统。

哪种系统会成功,很大程度上取决于所处的环境和所面对的问题。如果环境从未改变,或仅以循环或其他可预测的方式变化,那么某些本能系统在实现其目标方面更稳定和有效,因为其知识提供了在必要时调用所需操作的确定方式。这就解释了为什么传统计算机系统在许多任务中比人类表现得更好,因为后者的灵活性在这里只能使事情变糟。

如果环境以不可预测的方式发生变化,本能系统将无法始终实现其目标,因为其固有的(过时的)知识不能在改变了的环境中发挥恰当地联结目标和行动的作用。在这样的环境中,适应(包括智能)系统有一定的机会。系统试图调整其知识以把握其行为效果的变化,以便更好地实现其目标。只要环境不是过于迅速或彻底地改变,这些尝试可能会在一些失败后成功。当我们说适应系统在变化不可预测的环境中比本能系统"更好"时,指的是我们仍然可以对前者抱有希望,而后者则是完全没有希望。这就是适应应该被看作一种理性的根本理由。

计算、学习与适应

和"不足预设"所遭遇的普遍反映相反,把智能和适应性相联系不是个有争议的观点。但是,很多人没有认识到,这会导致现有人工智能领域中的绝大多数系统被判定为没有智能。

人工智能作为一个研究领域不是建立在任何普遍接受的理论或技术的基础上,而是建立在一个模糊的共同直观念头之上:"让计算机解决那些只有人脑才能解决的问题"。这种对"解决实际问题"的强调使很多人自然地接受了马尔(David Marr)的"三步走"工作程序:

- 把待解决问题表示成一个"计算问题",即定义其输入输出关系。
- 发现一个算法来逐步完成这个计算。
- 构建一个计算机系统来实现这个算法。

用这个办法的确能解决很多问题,但这样构造出来的只能是基于充足预设的本能系统。实际上这和传统的计算机应用开发过程并没有根本区别,其局限性仍是无法应对充足预设不成立时的情况。直观说来,这里解决问题用到的是设计者的智能,而非执行这个解法的计算机的智能。

为了解决那些解法无法精确描述的问题,近年来最成功的研究纲领非机器学习莫属。尽管"学习"一词的日常意义和"个体水平上的适应性行为"很接近,但在机器学习的语境中它已经被限制在"基于样本的函数逼近或优化"的意义上了。在这个意义下的"学习系统"可以说是介于上面所定义的"本能系统"与"智能系统"之间。假设系统的实际问题解决能力可以用一个数值来衡量,我称其为"技能水平",那么这个值与时间的关系可以表示成一个"技能函数":

- 本能系统的技能函数对应于一条导数为零的水平线,因为其技能是一个先天确定的常数。
- 学习系统的技能函数对应于一条导数为正值且收敛到零的渐近线,因为其技能在训练过程中不断上升,而在训练结束后保持在一个固定水平上。
- 适应系统的技能函数对应于一条导数永远为正值的线,因为其技能在系统的生命周期中总是在增加(这里我们暂时不考虑技能失效或被遗忘等情况)。

　　这个简单"技能函数"同时说明了,智能在这个定义下和技能不是一回事,而是获得技能的"元能力"。在这三类系统中,适应系统智能最高,本能系统最低,学习系统则居中。这并不意味着前者总比后两者"好",它们面对的是不同工作环境中的不同需求,不能简单地说哪个更"好"。如前所述,对知识和资源的不同假设导致不同的理性模型,各有各的标准。

　　技能可以说是本能和智能的叠加。对于人类而言,技能和智能是高度相关的。由于人类婴儿具有非常相似的先天技能,他们后天的技能差异主要可以归因于智能差异。实际上这就是智商(IQ)最初定义的理由:作为技能所对应的心理年龄与实际年龄的比值。因此,一个10岁的孩子如果技能水平已经达到12岁,那么她的智商就是120。

　　与此相反,计算机系统的技能和智能在很大程度上是相互独立的。有许多计算机系统具有很高的技能水平,但智能为零;而高智能系统在其"童年期"可能没多少高技能。因此,只靠在某个时刻测试一个计算机系统的问题解决能力,通常无法判断这些能力是先天内置的还是后天习得的,因此也就难以确定其智力水平。

　　这个分析也解释了人工智能领域中大量思想混乱的一个主要原因:由于人们的着眼点在"技能"上(因为只有它是看得见摸得着的),他们往往疏于区分技能的不同获得方式,因而没有看到上述三类系统在设计目标、评价标准等诸方面的根本性差别。结果是,适应系统的研究被忽视,或者被混同于其他两类。

2.4 智能的不同形式

既然前面提出的智能定义应当适用于各种形式的智能系统,在这里让我们看一下这个定义和各个相关领域中现有结果的关系及其具体贡献。

人类智能

说人常常不得不在"不足预设"下工作,并且终身从经验中学习以适应环境,这和现有的心理学、人类学的结论并无冲突。皮亚杰就明确地将智能说成"心理适应性的高级形式"。梅丁(Douglas L. Medin)和罗斯(Brian H. Ross)也持此观点,在其编纂的教科书《认知心理学》(*Cognitive Psychology*)中,他们认为,"大多数智能行为都可以理解为以太少信息应对太多可能的策略"。的确,如果"充足预设"总是成立的,那么大多数认知机制都不会有动力在物种层面或个体层面得到发展。尽管如此,心理学教科书中对"智能"的定义和本书给出的定义不同。对此可以找到几个原因。

要建立一个关于智能的一般理论,所面临的最大挑战之一是,将心理学、语言学、哲学,乃至神经科学等领域中的诸多结论分成"对一般智能成立的"和"仅对人类智能成立的",因为在这些理论中没有明确区分这两个概念的需要。同样,当在这些领域中谈"认知"的时候,大多数情况下谈的是人类认知。因此,心理学中关于智能的结论不能直接搬过来,需要认真鉴别哪些是可以推广到人类智能之外的。

心理学中关于智能(以及智商)的研究在很大程度上是为了确定

和解释人与人之间在智力上的差异,而本书提出的理论的核心问题是确定和解释智能系统和非智能系统之间的差异。因此,即使是使用同一个词,强调的要点也是非常不同的。比如,人际智力差异对本书的理论不太重要。而对人来说,需要在"不足预设"下工作,这是不言自明的,因此不需要在定义中专门列出来。如果只说智能是一种适应性,似乎不足以揭示这个概念在心理学中的意义。因此,在心理学教科书中,常常用推理、规划、学习、理解等认知功能来定义智能。由于这些功能都可以从本书提出的智能定义中推导出来,所以它们并没有被包括在这个定义中。

限于心理学的关注点和考察范围,对智能的研究集中在技能之上,这虽然在心理学内部造成了一些问题,但是若与把这套思路搬到人工智能研究中所造成的后果相比就不算什么了。尽管如此,明确区分"能力"和"元能力",对心理学的研究也一定会有所助益。

前面关于"理性"的讨论也会对人类智能的研究产生直接影响。迄今为止,关于人类"非理性"行为的结论几乎都是以经典逻辑或概率论作为理性模型,但既然在"不足预设"之下这些模型不再代表理性,那么什么样的行为算是"非理性"则要重新考虑了。这一点在后面还会多次被提及。

计算机智能

本书之所以提出新理论,主要是为了给人工智能提供理论基础,所以对智能的定义也主要是从这个角度考虑的。和其他智能形式不同,人工智能是我们构造的,因此工作定义在这里的作用不是说它现在是什么样的,而是说我们想要把它造成什么样的。我前面已经解释过,我对人工智能的研究现状不满意,而且认为出现这个现象的根本原因是很多人把应该研究的问题搞错了。

人工智能研究现状中的问题往往有其历史根源。这个领域的主要初始动机有两个:一是为智能、认知、思维等现象寻找构造性解释,二是为计算机技术开辟新的应用领域。由于理论准备不足,这个领域开始时就表现为以"解决那些只有人脑才能解决的问题"为模糊导向的"摸着石头过河"。由于理论计算机科学几乎完全来自数学,"解决问题"自然地被放入计算、算法的框架内,而把"不足预设"所代表的问题看作需要被排除于讨论范围之外或在实现时才考虑的细节。即使当机器学习得到广泛关注之后,它还是被纳入传统的框架中,被定义成"用一个学习算法从训练样本中整理出来一个面向应用问题的算法"。

我不否认上述实践已经取得了大量理论和应用成果,而计算机解决实际问题的能力也已经在很多领域里超过了人类。但即便如此,这种"人工智能"在理论上也没资格被看作一个新领域(仍是以计算理论、概率统计、经典逻辑等为基础,或是为脑科学、心理学提供计算模型),在应用上缺乏在"不足预设"下解决问题的能力。

本书实际上是在倡议重新定义人工智能这个领域。以"不足预设下的适应"为起点,后面我们将会看到这要求一个全新的理论,尽管传统的各种理论和技术仍有各自的价值。在此基础上建立的人工智能不能被看作计算机科学、认知心理学或任何其他学科的延伸。这个定义当然不符合当前这个领域内的主流看法,却和智能这个概念在更大范围内的直观意义有更深的共同之处。从技术层面上,这个定义把关注点从系统能力上移至元能力,因此保证了智能的统一性和领域无关性。这也是这个定义更类似近年来开始流行的"通用人工智能"(Artificial General Intelligence,简称AGI)的原因。由于我认为"智能"本来就应该是通用的,本书仍主要使用"人工智能"这个提法,尽管在目前的语境中用"通用人工智能"更准确些。目前在公共话语中被称为"人工智能"的技术和系统,按照本书的定义并无多少智能可言。

前面说到,在讨论一个计算机系统中问题和解答的关系时,"智能"的反义词是"计算",以及与其相联系的"图灵机""算法""函数""映射"等,因为这些概念都把这个关系看成是与系统经验及当前情境无关的,因此无法刻画适应行为。当然,这不意味着本书的智能工作定义不能在一个计算机系统之中实现,因为那里的"计算"是发生在"经验"和"行为"的关系上的。如果考察一个智能系统的整个生存周期(以其记忆空间的初始化为起点和终点),其输入(终身经验)和输出(终身行为)之间的关系仍是计算或函数,但其一般意义下的"问题解答"周期只是生存周期中很短暂的片段,而由于适应性的存在,在这些片段中的输入(问题)和输出(解答)之间的关系不再是计算,因为同一个问题在不同的时刻可能(尽管不是必然)得到不同的解答。

动物智能

虽然动物智能不是这一理论的重点,但有必要包括在其框架中,以保证"智能"这个概念在应用于动物时也能有恰当的意义。

大多数人会同意某些动物比其他动物更"聪明",尽管他们对如何判断和比较这些动物的智力水平可能有不同的看法。在这里我们不会进入这些研究的细节，而仍是用"本能-智能"之别强调先天决定的行为和后天习得的行为之间的不同，尽管这两种行为经常纠缠在一起。根据这个观点，动物的智力水平与其行为的复杂程度和有效程度无关，而取决于其灵活程度和与经验的相关性[《本能和智力：动物和人的行为》(*Instinct and Intelligence: The Behavior of Animals and Man*)，巴奈特(S. A. Barnett)，1967年]。

在后面的内容中，这个理论所讨论的某些现象会以高度相似的方式出现在动物、人类和智能计算机中。比如，巴甫洛夫条件反射及与其相关的简单因果推理，预测与信念修正，等等。同时，我们也可以解释在什么意义下动物智能低于人类智能，尤其是可能用类似的计算机模型来模拟二者，会使我们对人与动物的相同点和不同点有更深入的认识。

这里要注意的是：动物的很多特征与其智能基本无关。在这个理论里，这些特征大部分被信息系统抽象过滤掉了，但仍有些不那么容易分辨。动物的许多行为改变主要是由成熟而不是学习引起的，尽管当这两个过程同时发生时很难将它们分开。

有人认为，人工智能不应该直接模仿人类智能，而是应该从模仿动物智能开始，然后逐渐复杂化。我不完全同意这个观点（因为人工智能无须严格遵循人类智能的进化路径），但其中"由浅入深"的战略自然是合理的，与人类相比，人工智能系统在其初级阶段的确在某些方面更像动物。

群体智能

在很多情况下，人们常把一个群体看成一个个体，因为二者的确有很多相似之处，尤其是从信息加工的观点看。这里组成群体的可能是人、动物或机器。在讨论动物智能时，多数着眼点也是群体，如蚁群、蜂群等。

与其他智能形式的情况类似，对一个群体也可以分析其"本能"和"智能"，分别对应先天确定的行为和后天习得的行为。当群体中的个体差别不大时，这两种群体的差别主要来自其内部的"社会结构"。在讨论群体智能时，其中的个体可能有智能，也可能没有。无论如何，群体的行为不能简单看作个体行为的叠加或平均。

后面讨论中得到的很多结论同样适用于群体智能，在最后一章我会专门讨论相关问题，这里就不多说了。

外星智能

外星智能是否存在是一个有趣且重要的问题。一方面，根据我们对人类智力起源的了解，不能排除在宇宙中其他地方发生过类似事情的可能性。而另一方面，尚没有确凿证据支持任何此类智能形式的存在。

一个合格的智能理论应该涵盖智能的这种可能形式，尽管目前无法对其进行任何具体描述。即便如此，考虑这种可能性会为我们提供一些有趣的思想实验，以检验理论的恰当与否。

首先，"外星智能"被普遍认为是个有意义的概念，而不是空洞的或自相矛盾的。这就是说，人们同意我们可能有一天会遇到来自外太空的物体，需要确定它是否有智能。尽管这听起来并无惊人之处，但承认这种情景可能发生，就已经有重要的理论后果了。

除非我们认为外星智能来自和我们的世界极度相似的"平行宇宙"，否则我们没有理由期望外星智能在同一环境中经历同一个进化路径，因此产生了与人类相同的内部结构或外部行为。这就拒绝了"拥有类脑结构"或"可以通过图灵测试"之类的智能定义。我们也不能指望它们可以解决"只有人脑才能解决的问题"。按照本书给出的定义，我们要检查它们是否能在"不足预设"下表现出适应性行为。这里仍然有很多细节要填充，但起码在原则上不像常见智能定义那样显示出强烈的人类中心主义。从这个角度看，把人工智能比作一种外星智能，要比将其比作人类智能或动物智能更恰当些。

2.5 本章小结

智能是一个信息系统在知识和资源相对不足时的适应能力。具有这种能力的系统有非常不同的存在形态，但仍表现出大量共同性质，使得"智能"可以被抽象研究。

一个信息系统在某一时刻的"智能"不体现为它能解决哪些问题（那是"技能"），而在于它能学会哪些技能。因此，在本书的理论中，"智能"的反义词不是"无能"，而是"本能"及"计算"。

尽管每个现实系统都要受现有知识和资源的约束，传统规范性模型却都没有完全考虑这些约束。以此作为基本公设将导致完全不同的理论模型,而这正是本书的目标。

第3章
推理系统

3.1 信息系统的形式化

形式化的需要

我们在第1章中引入了"信息系统"及相关术语来描述某一类对象，然后在第2章中将其中的"智能系统"与"非智能（本能、计算）系统"区分开来，并描述了智能系统的基本特征和主要存在形态。从本章开始，我们将对智能系统进行更加详细的研究，而仅仅将本能系统作为参照物。具体说来，就是描述智能系统的内部目标、操作和知识的细节，以及它们在系统与外部相互作用的过程中所发生的变化。

为了实现这个目的，前面的描述方式就太过粗疏了。我们需要使用更加精确、严格的语言抽象地把握动物和机器之间的有关相似性。在科学的很多分支中，这种要求是通过"形式化"（或可称为"符号化"）来满足的，即把自然语言（汉语、英语等）中的某些概念用特殊的符号来代替。这种做法的直接好处是避免受自然语言中无处不在的歧义的影响。就好像我提到"智能"，不同的人会有不同的理解，但我如果用"ZN"，其含义就基本取决于我的解释了。

在人工智能和认知科学的研究中，形式化是一种有效的方法。在历史上关于思维本质的深刻思考比比皆是，但由于自然语言的模糊性，每一个重要结论一般都会有几种截然不同的解释。后人往往困惑于先贤"到底是什么意思"而处于无所适从的境地。这也是为什么我会在前言中提出，对本书所提出的理论，我会先将其形式化，然后再在计算机系统中实现。当然，现在跳过这一步，直接在某个关于智能的想法指导下写程序的人不少，但在这种情况下，理论构想和技术细节相互交织，远不如形式化模型所提供的图景来得清晰。

然而，形式化也有其局限性。关于一个信息系统的描述不能完全形式化，否则就会成为符号游戏，失去它与被描述的系统间的直接关系。某些人有一种"形式化崇拜"，完全以形式化程度来评价一个理论，这在我看来是舍本逐末了。形式化描述未必比非形式化描述更"正确"，因为它只是表达某些想法的一种方式，而错误的想法也是可以形式化的。此外，形式化的描述尽管有"严格"的优点，同时也常有"难懂"的缺点。为了可读性，我在本书中尽量减少形式化的描述，而只是在文字中尽力做到清晰和精确。但尽管如此，术语和符号的使用仍是不可能完全避免的，否则很多问题就说不清了。

信息系统的形式化主要在三类概念框架中进行，下面我将对它们进行逐一讨论，并解释我的选择理由。

动态系统

在这个描述框架中，一个系统的相关属性对应其在若干个维度上的值。系统在某一时刻的状态可以用多维空间中的一个点来表示，而状态变化则对应于该点在空间中的运动轨迹，通常用微分方程或其他函数来表示。这一传统主要源于物理学，其中被描述的系统是某个物体，其相关性质均是可以测量的。

当对一个信息系统进行描述时，动态系统的上述框架仍然可以适用，只是状态空间的维度不再对应于物理属性，而是对应于输入、输出和状态变量。在系统论和控制论中基本上都是这样描述系统的。在人工智能和认知科学研究中，这种表示框架在人工神经网络和机器人等领域得到了广泛的应用。

用本书中使用的信息系统词汇来说,一个动态系统的目标是系统所趋向于进入或停留的特殊状态(通常称为吸引子),操作是系统所能直接实现的状态变化,而知识是(系统中已经建立的)目标和操作之间的关系。

这类系统的一个简单例子是室温控制器。在这里,系统的目标是将房间的温度保持在一定的范围内。每当温度不在这个范围内时,就会执行一个操作(启动加热或冷却机构)使温度升高或降低。

在人工神经网络中,系统的知识主要由网络的拓扑结构和链接的权重来表示。系统的运行分为两个阶段:在训练阶段,系统在学习算法控制下使用样本数据来修改权重,直到网络收敛成一个稳定的函数(或称模型);在工作阶段,系统利用训练好的网络将输入变量逐步映射成输出变量。

在这个框架下开发通用智能系统有几个主要问题:

首先,这个框架通常使用"扁平化"的表示方法,即系统的所有成分(目标、操作和知识)都在同一个空间中。应该选择环境或系统的哪些属性作为这个空间的维度呢?对于专门为解决某一类问题而开发的系统来说,这通常很容易决定,但对于一个通用系统来说,维度的数量可能是巨大的,尽管对于每个问题来说,只有少量维度是相关的。

所谓"深度神经网络",往往使用海量的"匿名"维度,每一个维度代表某种未知属性,根据对象或状态间的相似性调整它们在这个多维空间中的相对位置。这样的确回避了对维度的定义和选择,但同时也使得对系统的解释和理解变得很困难。

一个显而易见的替代方案是,将系统划分为许多子系统,每个子系统都有自己的状态空间,其中维度取决于问题的类型。然而,如何将智能的整体功能划分为子系统可不是个容易回答的问题。

人类在描述一个复杂的对象或过程时,通常用分层结构。与扁平化表示不同,分层描述并不总是依赖于同一组维度或基元。虽然原则上动态系统允许分层表示,但目前的工作仍集中在特定问题上,还不清楚如何在通用系统中支持这样的表示,尤其是如果某些维度不再直接测量属性而是用来编码更复杂的信息时就更是如此。如果一个点(或一组点)被用作其他事物的符号,由于其位置和含义之间没有严格的相互确定关系,其附近的点的含义就不一定与其相似了,符号操作所造成的状态变化轨迹也可能不再连续。在这种情况下,多维空间表示会失去其直观吸引力。

另一个主要问题是目标的表示。正如上一章所讨论的,一个智能系统通常会同时追求多个目标,而现有的研究很少讨论如何在状态空间中表示这种情况。这不是在多个吸引子之间进行平衡或妥协,或者一个接一个地实现它们就能解决的。

计算系统

目前,信息系统最广泛使用的概念框架是计算系统。它萌芽于数学中关于计算过程的研究,而后在计算机科学中成长壮大。在这个框架中,一个信息系统的每一个状态都由其内存中的一组数据来表示。系统的目标对应将输入数据映射成输出数据的函数,操作是改变系统的内部状态的机器指令,而知识则对应将指令组织成适当的序列来实现各种函数计算的那些程序。

　　这个框架之所以成为人工智能研究的主流，主要是因为它与计算机这个信息系统的共同实现平台有着天然的密切关系。这也就是说，其他形式化框架通常是转换到计算系统后得以实际运行的。计算系统和动态系统在概念上的差别类似于数字计算机和模拟计算机的区别，前者是用离散的符号来描述系统，而后者是用连续的数字来描述系统。尽管用模拟计算机来实现动态系统更为直接和高效，目前的绝大多数动态系统仍是在通用数字计算机中作为抽象描述存在的。

　　计算系统中的数据表示从根本上讲是分层结构的。由于一个数据结构可以用一个名称（标识符）来指称，因此可以在特定粒度上对一个对象或事件进行描述，而后被包含在一个更大的数据结构之中。这和在动态系统中用一组固定的维度来表示所有对象相比，显然更适合通用系统的需求。

　　但如2.2节所分析的那样，当在这个框架内设计系统时，常常会出现本能强而智能弱的情况。这是因为设计者通常把系统的问题解决过程当成是按预定程序进行的计算，因此留给学习和适应的空间很小。因此，即使其他形式化框架最终要转换成计算系统来实现，它们在概念设计过程中的优越性仍然存在，而直接将一个理论表示成一个计算系统常常导致概念混淆（如第2章所述的将每个过程都当作图灵计算）或混淆智能系统的概念设计和具体计算机实现。

推理系统

　　推理系统的形式化框架主要来自逻辑学的研究。一般来说，每一个推理系统都有以下主要组成部分：

- 一个知识表示语言，包括语法和语义的规范，前者规定该语言中的语句是如何构成的，后者刻画系统中的语句与外部环境的关系。
- 一组推理规则，其中每条都可以从系统的现有语句中推导出新的语句，并根据语义学提供推理的有效性论证。
- 一个存储体系，用于保存系统的已有知识、待处理的任务、中间结果等。
- 一套控制机制，用于决定在每个推理步骤中以哪些语句为前提并使用哪条规则。

上述的前两个部分，即语言和规则，构成了一个"逻辑"，而后两个部分使得一个信息系统可以依照逻辑进行各种推理活动。

在这样的系统中，目标和知识在语言中被表示为不同种类的语句（大致分别对应祈使句和陈述句），而操作包括推理规则以及相应的内部、外部行为。

从概念上讲，这个框架与计算系统框架是不同的。在计算系统中，一个数据的含义主要取决于处理它的程序，而推理系统中的语句的含义是由语言的语义提供的，因此相对独立于对其进行的处理。同时，推理规则也不是任意的数据处理指令，因为每条规则都需要根据语言的语义进行有效性论证，即说明为什么这条规则是"正确的"。由于每条规则都是单独论证的，它们可以灵活地组合成推理过程。这就是说，即使每条规则通常都是以程序的形式实现的，一个典型的问题解决过程也不需要遵循事先确定的程序。与此相反，在计算系统中如果随意拼凑一个指令序列，其整体功能通常没有什么意义。

在这个框架下开发人工智能系统时，理论问题主要是现有的逻辑学与人工智能的研究目标之间的差异。现代逻辑的研究一直以数理逻辑为主，其目的是为数学提供逻辑基础。很多研究者已经试图扩展或修订它以为人工智能所用，不过其成果仍常因其僵化和脆弱而广受诟病。此外，由于人类的许多行为常被判定为非理性的，因此许多人得出了"智能不遵循任何逻辑"的结论。

智能系统的形式化

在原则上，我们很难说上述三种框架中哪一种是信息系统形式化的最佳方式，甚至可以说它们的表达能力和处理能力是等价的。通过维度的恰当设立，总是可以在状态空间中表示一个计算系统或推理系统，从而将其描述为一个动态系统。同样，使用足够的语句，在一个推理系统中描述一个给定的动态系统或计算系统也是可能的。最后，动态系统和推理系统总可以在一定的精确度范围内在计算机中实现，因而成为计算系统。所以从原则上说，一个信息系统总可能用这三个框架中的任何一个来描述。然而，对于一个给定的信息系统而言，用这三个框架中的每一个来刻画它，其难易程度常常有极大差别。因此，对于一个给定的问题而言，选择一个合适的形式化框架仍是个重要问题。

如果每个框架都有它的优点和缺点，为什么不把它们混合在一起用呢？当然，这又是在原则上可能，但在实践中很难。即便这种混合系统综合了不同方法的优点，但在保持系统整体的一致性和整体性方面也有不少麻烦。

尽管人脑常常被描述成一个神经网络,对思维活动的描述却又常将"人心"当作一个概念网络,而人工智能中"符号主义"和"联结主义"的分歧也和这两种不同的直观看法有联系。我认为,对智能进行神经层面的描述虽然可能,但包含太多不必要的生物性细节,与本书追求的抽象描述相悖。智能(以及认知、思维、意识等)是可以在概念层找到规律的,尽管我也认可"联结主义"对"符号主义"的诸多批评。相关问题我们后面会陆续说到。

本书的一个核心观点是:将一个智能系统形式化的最合适框架是将其描述为一个推理系统。将系统的目标、操作和知识描述为语言中的句子,比将其描述为多维空间中的点或轨迹更自然、更容易;将工作过程描述为当前时刻由推理步骤组装而成的推理过程,比将其描述为执行预先确定的程序更灵活。至于现有的各种逻辑和推理系统中存在的问题,均可以在一种新的智能逻辑和推理系统中得以解决。本章的后续各节将为这个观点提供证据。

3.2 不同种类的推理系统

推理和逻辑

如前面所介绍的,在本书中"推理"是指遵循逻辑规则从给定语句中推导出新语句的过程。在计算机出现之前,人类是唯一公认的具有推理能力的系统,而以往对人类推理的研究是在两个领域中分别进行的:

- 心理学试图构建人类推理的描述性模型,其目的是寻找人类实际推理活动中的规律性,不论推理结果正确与否。
- 逻辑学试图构建人类推理的规范性模型,其目的是根据某个基本原则确立有效推理的标准,以判别推理的正确性。

根据上一章中的讨论不难看出,本书的研究目的并不是准确地复制人类的推理行为,而是根据"在知识和资源不足的情况下适应"的原则建立推理的规范模型。尽管描述性模型不是本书的目标,但心理学仍然为这项研究提供了重要的启发和线索,因为人类的推理能力作为进化的结果,必定具有某些普适的合理性成分。现在的任务就是将这些成分和进化过程中人类获得的那些偶然成分区分开来。

历史上第一个主要的逻辑系统是亚里士多德(Aristotle)的三段论。它统治了逻辑学领域约2000年,直到数理逻辑的出现才发生转变。由弗雷格(Gottlob Frege)、怀特海(Alfred North Whitehead)和罗素(Bertrand Arthur William Russell)建立的一阶谓词逻辑成了逻辑学的经典,并主导逻辑学领域直到现在。尽管许多其他的逻辑系统出于各种动机被提出,并取得了不同程度的成功,但一阶谓词逻辑仍然被普遍当作逻辑系统的标准形式。

一个逻辑系统的有效性最终取决于其应用结果。对不同的目的和不同的情况而言,有效的逻辑也可能不同。下面,我根据本书的需要区分几类典型的逻辑系统。

全公理系统

对逻辑的研究在很大程度上来自对知识和信念的确定性和可靠

性的追求。每个人都知道,有些信念比其他信念更可靠,而得到新信念的方法也是有些方法比其他方法更可靠。这种思想的极端形式就是对真理的追求。这在逻辑学的研究中就直接导致了推理有效性的传统概念:一个有效的推理规则必须保证从真实的前提中总是能推导出真实的结论。

当然,为了使上述有效性的定义有意义,我们需要先对"真"或"真理"下定义。按照普遍的看法,如果一个陈述对应于一个事实,那么这个陈述就是真的,否则就是假的。这个观念在模型论语义学中得到了严格的体现。根据这个方案,如果我们想用一个语言L来谈论世界中的事物,首先应该用一个元语言ML描述这个世界中相关的对象以及它们的属性和关系,即所有事实。这样的一个世界描述叫作一个"模型"M。现在,L中的每一个词都可以通过代表模型中的一个对象(或属性、关系)来获得意义,这就叫作对L的一种"解释"。L中的一个语句S如果在这样一个解释后对应于M中的一个事实F,S就为真,否则为假。

一个公理推理系统包含若干在给定模型中为真的公理或预设作为所有推理的起点,并由一组有效的推理规则来保证每一步都是"从真理推出真理"。如果系统用一个算法来引导推理过程,并有足够的加工时间和存储空间来完成这些过程,那么对于任何给定语句,系统都将在有限的时间内完成推理过程,并正确地判定该语句是否为真。

这种系统一般被称为"完全的、可判定的公理系统"。在本书中我称其为"全公理系统",原因将在后面解释。这种推理系统是莱布尼茨(Gottfried Wilhelm Leibniz)、布尔(George Boole)、希尔伯特(David Hilbert)等人梦寐以求的。在一个给定的领域中，这样一个系统将为所有问题提供可靠答案。

建立这种系统的前提条件包括：

• 该领域在原则上可以被完整、精确地描述，以作为所有问题的标准答案。

• 从一组公理出发，靠一组推理规则可以推导出该领域中的其他真语句。

• 有一个已知的算法来判定每个语句是否为真。

• 系统有足够的计算时间和存储空间来使用这个判定算法。

当上述条件都满足时，我们说系统对于要解决的问题有充足的知识和资源，其中知识包括公理、推理规则和判定算法，而资源表示判定算法所需的计算时间和存储空间。

由于上述要求无法在所有领域中被满足［哥德尔（Kurt Gödel）、图灵证明了有关结论，休谟、波普尔（Karl Popper）也有广为人知的论证］，所以全公理系统只能在有限的数学领域中建立。

半公理系统

如果系统无法为该领域的问题获得足够的知识和资源怎么办？显然，在这种情况下无法为所有问题找到完美的解决方案。但即使如此，仍有不同的替代方案需要评估。

一个简单的选择是对那些没有完美答案的问题说"我不知道"。这个选择的问题是，很多时候系统必须处理某些问题，而如果什么都不做，会导致比不完美的解决方案更糟糕的后果。这样的例子有很多。

当一个推理系统不得不在其知识和资源的某种不充分的情况下工作时，一个自然的策略就是修改或扩展"全公理"方法，允许系统的某些不完美，同时尽可能地接近经典（全公理）系统。许多"非经典逻辑"都属于这一类，还有"常识推理""不确定推理""机器学习"等领域的各种人工智能系统。以下是一个不完整的列表：

- 非单调逻辑试图通过修改默认规则推导出的结论将常识推理形式化。
- 模糊逻辑把概念边界模糊化，并用资格函数对其进行数值测量和计算。
- 贝叶斯网络将陈述的不确定性表示为概率，并利用贝叶斯规则更新系统的知识。
- 一些模型用某种概率区间表示对陈述的无知程度。
- 归纳逻辑致力于归纳推理的形式化和合理化。
- 基于案例的推理依靠以往的成功经验解决类似问题。
- 各种类型的机器学习算法可以从样本数据中总结出一般方法。
- 当最佳解决方案不可得时，近似算法往往能提供满意答案。
- 强化学习或遗传编程等方法可以通过反复试错来解决问题。
- 随时算法和元推理等方案允许系统在答案质量和资源开销之间找平衡。

在本书中，这些系统被统称为"半公理系统"，因为它们在某些方面放弃了知识和资源的充分性预设，而在其他方面还在固守这个预设。这些系统已经取得了许多理论和实践上的成就，不过它们不能被简单地捆绑成一个完全遵守"不足预设"的系统，因为各种半公理系统的基本预设各不相同。

非公理系统

如第2章所述，我认为智能系统需要在知识和资源不足的情况下适应环境。如果一个推理系统必须在这样的条件下工作，全公理系统的很多预设就被违反了，所以传统推理系统的所有主要组成部分（语言、语义、推理规则、控制算法）在这里都不再适用。

一个容易想到的战略是一次修改或扩展经典体系的一个方面，从而逐步弥补知识和资源的不足。毕竟，要解决一个大问题，通常是把它的各个组成部分逐一解决。这就是很多半公理系统背后的直观想法。然而，我们所面临的情况具有特殊性。半公理系统不仅不容易集成，而且在理论上不彻底。它们试图分别解决的那些问题都是由一个共同的根源造成的，那就是知识和资源的不足。因此，我的办法是在新的有效性概念的基础上将这些问题统一处理。实际上，半公理系统中的许多问题都是由于系统中不同标准之间的冲突所造成的。因此，同时解决所有这些问题，可能反而会比分别解决更容易。

下面，我们将探索完全接受知识和资源不足预设的"非公理系统"。在第2章中，我们也解释过，智能的核心是适应。落实到推理系统的具体情况，就是说在非公理系统中不可能得到绝对真理，也不可能知道其信念与绝对真理之间的距离。系统所拥有的只有经验，所以它在定义意义和真值时，会以这种经验而不是模型作为参照。

推理规则的有效性也是在这个预设下建立的，即要求结论的真值恰当地衡量了前提所提供的证据支持。非公理系统的记忆和控制结构使系统能够有效地利用其现有的知识和资源进行工作,即使它们不足以为问题提供完美的解决方案。

这样的非公理系统不仅是我们所希望的,而且是可能的。实际上,一个这样的形式化模型"纳思"(Non-Axiomatic Reasoning System,简称 NARS)已经被设计出来,其计算机实现也已经是个开放源代码的项目(OpenNARS)。在本书中,我们只在概念层面对纳思进行描述和讨论,而不涉及其中的技术细节。有兴趣的读者可以去看前言中提到的相关论著和程序。

本章的余下各节将介绍纳思的主要部分。这里的目的不是严格、完整地描述这个模型,而是以它为例来概括智能推理系统的成分和结构。

3.3 用于知识表示的语言

语言的功能

如第 1 章所述,信息系统所做的事都可以看作为了实现目标而采取行动;如第 2 章所述,智能系统通常会选择它认为最有可能实现当前目标的行动。

和本能系统中目标和行动间有固定联系的情形不同,在智能系统中实现一个目标的行动(或行动序列)是由系统自己根据当前的情况选择的。根据经验来做这件事,意味着要记住每个行动的"历史",比如它的前提条件、原因和后果。由于新的情况通常与旧的情况并不完全相同，而系统又不可能负担得起记住所有细节的资源开销，因此，关于每个行动的知识必须以一种概括的形式来表示。概括不仅减少了时空开销，而且还是"以史为鉴"的前提条件。如果考虑所有细节，就必须承认"太阳每天都是新的"和"人不能两次踏进同一条河流"了。

因此，系统需要能够将其目标、行动、知识表示在不同的概括层次上，以满足对处理准确性和复杂性的各种要求。不同的概括导致了不同的概念，从而为语言提供了基础。

在一个推理系统中，语言有两个主要功能：

• 在系统**内部**，语言表示系统的知识、目标和行动，因此也可以用来描述系统的工作过程。

• 在系统**外部**，语言承载与其他系统的交流，因此也可以用来描述系统的经验和行为。

这两种功能当然是相互关联的。在纳思中用一种"纳思语"来同时完成表示和交流，尽管在两种用法间仍有一些细微差别。本章会集中于纳思语的"表示"功能，而把"交流"留到第5章去讨论。

基于经验的语义

语义学的核心问题是"意义"和"真假"。在一个推理系统中，语义理论主要起着两个作用。在系统设计阶段，语义理论根据推理有效性的标准对推理规则和控制机制的设计提供指导和辩护；在系统运行阶段，语义理论为系统的交流语言提供说明和解释。

如3.2节所述，根据传统的模型论语义学，一个词的意义就是它在一个模型中所代表的实体，而一个语句的真值就决定于它在一个模型中是否与事实相对应。在知识和资源不足的预设下,纳思无法依赖这样一个模型作为意义和真值的基准。相反,智能系统对环境的认识只能来自它的经验。因此,智能系统的语义应该是"基于经验的"。也就是说,纳思中每一个词的意义和每一个语句的真值至少在原则上是由系统的过去经验来定义的,这就和模型论语义学根本不同了。纳思的知识并不是一个"世界模型",而是系统经验的总结。也就是说,在系统资源允许的范围内,系统与环境之间的互动记录。

在纳思语中,一个"词项"是一个概念的名称,其对系统的意义取决于它在经验中的角色,即它与其他词项的关系。一个陈述的真值也是由它与经验的关系决定的,即它是如何被已有证据支持或反对的。根据这种理论,意义和真值本质上是主观的(即代表特定系统的观点),而且会随着系统经验的发展而变化。不过它们绝不是任意的,而是由系统的经验和处理能力决定的。这就是说,一个词项的"意义"指**它对系统意味着什么**,而一个陈述的"真值"指**系统在什么程度上相信它是真的**。既然意义和真值都来自经验,它们自然可以为系统所知,而不依赖于外在的模型和解释者。和传统的"符号系统"不同,纳思语中词项的形式和意义不再彼此独立。

面向词项的语法

纳思语的语法结构在很大程度上是出于语义表达的需要。

在数理逻辑中,形式语言的设计深受数学语言的影响,并刻意与自然语言保持了一定的距离,以避免歧义和其他不确定性。命题逻辑注重二值命题之间的真值关系以及复合命题的构造(使用"与""或"

"非""蕴涵""等价"这些连词),而完全忽略了命题的内部结构。一阶谓词演算把命题内部结构表示成了对象的属性或对象之间的关系(对象由常量和变量指称,属性和关系由谓词指称),而推理仍然基本依赖于命题间的真值联系。使用这种"一阶(谓词)语言"的前提是所描述的领域("模型")已经包括对象、属性和关系,其中每一类都有明晰的边界和确定的标准,而这一切都不依赖于观察者。这样的世界中的事态完全可以用一阶谓词语言来精确表达,而推理系统需要做的只是根据已知的陈述真值确定其他陈述的真值。

由于一个智能推理系统的语言不是用来表示世界的"本来面目",而是表示系统的经历,那么情况就根本不同了。在这里,表征的初始单位不是单个的外部对象,而是系统经验中的原始和原子基本成分,即系统的感知和行动。从它们开始,系统会分层次地构建更复杂的成分,以表示经验中反复出现的结构或模式。其中一些相对稳定的成分直观地对应于我们通常所说的对象、属性或关系,但由于它们都是经验的总结,其应用边界是模糊且随语境改变的。

由于这个原因,纳思没有采用流行的命题逻辑-谓词逻辑语言,而是回归了更古老的"词项逻辑"传统。在这种逻辑中,语句的基本形式为"主词-系词-谓词",其中主词和谓词都是"词项",代表了系统中的概念,而系词则代表了二者之间的某种替代关系。

纳思中最简单的词项对应中文中的普通名词,如"鸟""水"等,最基本的系词是"继承",写作"→",表达概念间的概括关系。比如,"喜鹊→鸟"大致表达"喜鹊是鸟","水→液体"大致表达"水是液体"。由于纳思基于经验的语义,纳思中的语句和中文这样的自然语言中的语句只有大致的对应关系，就像自然语言之间不存在精确的翻译一样。

如前所述，一个词项对纳思的意义是由它在系统经验中所扮演的角色决定的。现在我们可以把这个定义用更严格的方式来表达：一个词项T的意义是由它的"外延"（包括所有满足"x→T"的x，或者说T的特殊化、实例）和"内涵"（包括所有满足"T→y"的y，或者说T的普遍化、属性）决定的。由于继承关系的自反性和传递性，"S→P"为真，当且仅当P的外延包含S的外延，或S的内涵包含P的内涵。

证据和真值

前面讨论的是继承关系的理想情况，所以"S→P"被当成一个二值陈述，非真即假。在现实环境下，纳思中的所有陈述都是在一定程度上为"真"的。由于这个程度对适应性行为很重要，纳思采用数值化的"真值"。上述理想情况可以帮助我们定义这个"心理量"，就像各种物理量的单位也都是在理想情况下定义，而后在现实情况下使用一样。

由于陈述"S→P"相当于"P的外延包含S的外延，S的内涵包含P的内涵"，因而可以看作系统经验中许多词项和S及P的关系的总结，那么如果某个词项和S及P的关系与这个总结一致，就是这个陈述的一个正面证据（正例），否则就是其负面证据（反例）。以"喜鹊→鸟"为例，其正面证据包括"喜鹊"和"鸟"这两个词项的共同外延（实例）和共同内涵（属性），而其负面证据包括那些不是鸟的喜鹊以及鸟的属性中那些不被喜鹊所具有的。

假设某语句的正例量和反例量分别是写成w^+和w^-，那么总的证据

量为 $w = w^+ + w^-$。该语句的"频率"(成功率)$f = w^+/w$,"可信度"(稳定性)为 $c = w/(w+k)$。其中,k 为不小于 1 的常数,在下面的讨论中取为 1。这两个值共同构成该语句的"真值"$<f, c>$。因此,频率是总证据中正向证据的比例;可信度是在量为 k 的新证据到来后,当前证据在所有证据中的比例。频率体现陈述与系统经验的一致程度,而可信度则表示频率可以被未来证据修改的程度。这两个测量值是相互独立的,即除了个别极端情况,其中一个值不能确定另一个值,甚至不能限制其范围。

靠现有证据定义真值并允许新证据对其进行修改,这是纳思和概率逻辑、模糊逻辑等类似系统的核心差别。真值随证据的累积而趋于稳定,但永远可以修改,这就是"非公理"的具体体现。

复合词项

词项可以是简单的标识,也可以是由连词符和其他词项组成的复合结构。词项逻辑在历史上被认为不如谓词逻辑表达力强,因为很多语句不能放入"主词–系词–谓词"的格式中。这个问题在纳思语中得到了解决,办法是引入复合词项和多种系词。这里只对它们进行简单介绍。

一个复合词项由一个"连词符"和若干成分词项组成,其特性由连词符决定:

- 词项可以是一个列出其实例或属性的指定集合,如{长江,黄河}和[红色的,圆形的]。
- 词项可以是其他词项的重合或差异部分,如"绿灯"和"不会飞的鸟"。
- 词项可以指关系,也可以通过关系指定,如"师徒"及"孙悟空的师傅"。
- 词项可以是一个陈述,如"你知道地球是圆的"之中的"地球是圆的"。
- 词项可以是一个由其他语句经合取、析取、否定等连词构成的复合语句,如"地球是一颗行星,而且有一颗卫星"。

复合词项的意义包括其来自连词符和成分的"字面意义",也包括其作为整体的"经验意义",而这两者并非总是一致的。

派生系词

在"继承"系词(→)的基础上,纳思还引入了另外三个系词:
- "相似"(↔)是继承关系的对称形式。
- "蕴涵"(⇒)是两个语句之间的推导关系,即"如果……那么……"。
- "等价"(⇔)是蕴涵关系的对称形式。

上面的每一个系词都有它的证据定义,而它们所形成的语句的真值都是以和"继承"同样的方式建立在证据之上的。

系词所代表的概念关系比像"师徒"和"大于"那样的普通关系更为基本和单纯。"继承"和"相似"表达词项意义之间的可替代性,"蕴涵"和"等价"表达陈述真值的可替代性。由于这种特征,纳思的推理规则是建立在这些系词之上的,或者说对系统而言它们的意义是先天确定的,与系统经验无关。与此相反,其他概念关系的意义是后天习得的,是基于经验的。

事件与操作

在一个语句的真值中通常累积了在不同时刻收集的证据,而其结果同样会被用在不同的时刻。如果一个概念关系本身随时间变化,系统往往必须明确其真值的时间性,因为在某个时刻成立的关系在另一个时刻可能就不再成立了。

在纳思中,真值带有时间性的概念关系称为"事件",其发生的时刻可能按照系统的内部时钟(类似于生物钟)来记录,也可能和其他事件相对表示(如"A在B之前发生"和"A与B同时发生")。和其他知识相同,一个复杂事件是逐步分解成简单事件来表示的。

如果一个事件的发生是由系统自身有意造成的,就被称为系统的一个"操作"。纳思可以描述一个操作的前提条件和后果,由简单操作组成复杂操作,并在操作间建立继承和相似关系。一个简单操作对应于一个可以直接调用的程序或一个对外部设备发出的命令,其格式是一个操作名带若干输入输出参数。在推理中这个操作被解释成一个发生在系统与这些参数之间的关系,而操作名标识了关系的类型。比如,"我推门"就是我和某扇门之间发生的一个短暂关系,可以像其他关系一样参与推理。

系统的感知活动被表示成一类特殊的操作,可以被外界刺激或系统意愿触发,其结果作为信号的时空模式被提供给系统,而这些时空模式也被当作词项处理。比如,"看"就是这样一个操作,其结果就是系统所"看到"的图像。

系统希望发生的事件被称为"目标",而系统实现它们的手段是在恰当的情境执行恰当的操作。纳思通常有多个目标,它们可能相互冲突,也会竞争资源。为表示它们的相对重要性,纳思中每个事件都被给予一个"愿望值"。简单地说,事件E的愿望值是"E的发生会导致符合愿望的后果"的真值。

纳思语的表达力

纳思语中的句子分三种类型:
- **判断**:带有真值的陈述。
- **目标**:带有愿望值的陈述。
- **问题**:查询一个陈述的真值或愿望值,或寻找满足条件的词项。

综上所述,纳思语可以表达多种语句,而且可以统一地表示描述性、时序性、过程性知识。虽然纳思语法是形式化定义的,但纳思语义是基于经验的,而且可以容忍各种不确定性。在很多方面,纳思语都比传统的形式化语言(如一阶谓词逻辑)更接近于自然语言。

许多实际问题用特殊的格式来表示是最有效的,比如数学中的矩阵和数据结构中的"树"。纳思语允许这些表示方式作为词项被嵌入其中,从而可以被用作支持各种格式和语言的通用元语言。

3.4 推理规则

推理规则的功能

纳思遵循的是"非公理逻辑"(Non-Axiomatic Logic,简称NAL),其推理规则是在纳思语上定义的,可以从系统中现有的语句中推导出新的语句。这种功能在智能系统中是必要的,因为连接目标和行动的知识并不像本能系统那样是固定的,而要随情境的变化建立和修改。对于一个智能系统来说,"适应"意味着根据过去经验来处理当前情况,尽管在过去没有任何情况与现在的情况完全一样。

根据纳思的基于经验的语义学,真值测量一个陈述和过去经验的关系,而非和未来经验或"客观事实"的关系。这样一来,推理规则的"保真"标准也要重新解释。说一个规则是有效的(保真的),指的是其结论的真值正确地度量了其前提中所提供的证据。这就为非演绎推理的有效性提供了辩护,因为这类规则推出的结论是无法保证和未来经验相一致的。

每个推理规则都包括一个真值函数,根据推理类型和前提的真值来确定结论的真值。真值函数的设计是首先考虑相关变量都取极限值0或1的情况,根据语义学中关于证据和真值的定义建立诸变量间的布尔(二值)函数,然后将这些函数推广到实数域。具体的真值函数见我的学术著述,如 *Non-Axiomatic Logic: A Model of Intelligent Reasoning*(2013),*Rigid Flexibility: The Logic of Intelligence*(2006),本书就不再介绍了。

和目前流行的各种机器学习算法相比较,推理规则的一个显著特征就是它的有限性,即在每一步只考虑有限的前提(一般是两个)并从中生成有限个结论,而完成这样的一步推理过程所需要的计算资源(时间和空间)也是很有限的。这正是纳思的知识资源不足预设所要求的。对于一个复杂的任务,系统可以将若干推理步骤组织成一个处理过程。

扩展的三段论规则

前面我们提到,非公理逻辑在形式上属于词项逻辑。除了以主谓句为基本句型之外,词项逻辑的主要特征是以三段论为基本推理规则,即要求两个前提有一个公共词项,而在另两个词项间建立结论。比如,$\{(S \rightarrow P),(M \rightarrow P)\} \vdash (S \rightarrow P)$就是一个典型的演绎(deduction)规则。其中,符号"$\vdash$"前面出现的语句是前提,其后的是结论。这个规则就是从"S是M而且M是P"中推出"S是P",而这条规则的合理性由继承系词的传递性提供保证。亚里士多德的三段论在这个基本形式上加入了肯定否定("S是P"和"S不是P")和全称特称("所有S是P"和"有些S是P")的变化,包含了演绎的多种形式。皮尔斯(Charles Sanders Peirce)将演绎的结论与两个前提互换,分别得到归纳(induction)$\{(S \rightarrow M),(S \rightarrow P)\} \vdash (M \rightarrow P)$和归因(abduction)$\{(S \rightarrow P),(M \rightarrow P)\} \vdash (S \rightarrow M)$。在二值逻辑和传统语义学的范围内,归纳和归因的合理性无法得到辩护(它们不能"保真"),只能被赋予"概括"和"解释"的认知功能,但不能被当成逻辑的一部分。

在这里,本书的理论与传统理论的最大差别是将"真"从"与事实相符"改为"与证据相符",并用两个实数来比较(正面与负面,过去与未来)证据。在此意义下,推理的"保真性"得以重建("真"不再是"保证不会错",而是"有理由相信")。演绎的各种情况被综合到一个真值函数之中,而归纳和归因恰好分别对应两个词项的外延证据和内涵证据,因此成为合理的推理规则,只是其结论的可信度以0.5为上界,因为每次的证据量不会超过单位值。因为演绎结论的可信度以1为上界,传统的演绎与非演绎的差别仍在,只是从"质"的(是否合理)变成"量"的(多大程度上可信)了。

对同一个结论的不同证据可以通过使用修正规则来积累,以获得可信度更高的结论。这个规则还可以解决系统知识之间的不一致,让结论的频率成为冲突前提的折中值。因此,纳思是容许其经验和知识中含有矛盾的。

这四条规则(演绎、归纳、归因、修正)构成了非公理逻辑的核心。除了上述定义在继承系词上的规则外,还有定义在其他系词(相似、蕴涵、等价)上的其他规则,以进行比较、类比、预测、解释等类型的推理。这些规则也都具有三段论的形式以及统一的合理性辩护。

三段论规则和命题逻辑中的基于真值表的推理规则之间的差别不仅仅是形式上的。在命题逻辑(也包括谓词逻辑)当中,推理只涉及命题真值间的相互关系,而在三段论推理中体现的是概念意义间的相互关系。在三段论推理中,两个前提之间以及每个前提和结论之间一定有(由共享词项提供的)意义上的联系,而这在命题逻辑中无法保证,因此才会有"蕴涵怪论",即某些"逻辑上正确,但听上去别扭"的结论。例如,"如果1+1=3,那么地球就是圆的"。

建构和解构规则

由于词项逻辑中的推理常常基于概念可替代性("S是P"),这个推理模型同时是一个概念模型,这也使得概念的建构得以通过推理来实现。

例如,给定词项T1和T2,它们的"外延交集"(T1∩T2)就是一个复合词项，其外延由 T1 的外延和 T2 的外延的共同部分组成，如"绿灯"中的成员既是"绿色的"又是"灯"。虽然从理论上讲，这样的复合词项可以用任何一对词项构建，但纳思只在经验中确定 T1 和 T2 的确有公共外延时才以这种方式整合其经验。如果概念（T1∩T2）在系统中已经存在，这个结论就进一步丰富了其内容，否则就会创建一个新概念。与此类似，如果前提包含复合词项，也有解构规则为其成分提供结论。和三段论规则一样，每个建构和解构规则也有相应的真值函数。

前面列举的各种复合词项都有其相应的建构和解构规则。这就是说，对每个在纳思语中可以表达的词项，系统本身都可以从相应的经验中将其构建出来，而不必依赖由外界输入。

反向推理

到目前为止，本书介绍的所有推理规则都是关于"正向推理"的，即每个推理规则都是以两个判断为前提，从中推导出一个判断作为结论，因此"向前"扩展系统的信念或者说知识。如果系统有足够的资源，这种类型的推理将满足所有推理需求，因为系统可以从现有的经验中详尽地推导出所有可能的结论。

然而，由于纳思的设计是以资源不足为预设的，所以它不能这样工作。当要处理的任务是一个问题或目标时，系统必须用它来引导正向推理，即缩小前提选择的范围，从而使系统的注意力集中在相关知识上。

所谓"反向推理"，就是从想要得到的结论出发，反过来寻找所需的前提。例如，假设任务是一个问题 Q，对于这个问题，系统中目前没有可以直接作为答案的知识。但是,这样的答案J可以通过正向规则$\{J1, J2\} \vdash J$,加上判断J1和J2得出。如果J2已经作为一个知识存在于系统中,那么系统可以做的是使用反向推理规则$\{Q, J2\} \vdash Q2$,其中Q2是一个可以由J1回答的派生问题。如果这个问题可以回答,那么它的答案J1加上知识J2就可以通过正向推理得出原问题Q的答案。如果这个问题Q被替换成一个目标也是如此,它将通过实现派生目标来实现,这时的反向推理就是目标的派生过程。

现在我们可以将上述所有规则统一表示为$\{T, B\} \vdash T2$格式。其中,T是一个任务,B是一个知识(即判断),T2是个派生任务。当T的类型是判断时,这是一条正向推理规则,否则(T是一个问题或目标时)就是一条反向推理规则。T2的类型(判断、目标或问题)与T相同。这个任务推导过程可以重复多次,直到推导出的任务被直接完成或放弃。

对于一个问题来说,"直接完成"意味着有一个知识可以直接回答这个问题。当有多个候选答案时,系统用一个选择规则选出一个"更好的"答案。粗略地说,这个答案应该有较多的正面证据、较少的负面证据,并要尽可能简单。当这些性质不能兼具时,某种综合标准会被用来做出选择。

对于一个目标来说,"直接完成"意味着有一个可执行的操作可以直接满足它。由于在纳思中任何时刻通常都会有多个目标共存,因此需要额外注意,防止一个操作在满足某目标时对其他目标产生不利影响。因此,目标派生实际上包括两个步骤。在反向规则$\{G, B\} \vdash G2$由目标G和知识B派生出G2后,G2并不会立即被当作一个新的目标来追求,而只会增加其内容陈述g2的愿望值。由于其他目标也可能会降低g2的愿望值,所以只有当g2的愿望值变得足够高而且稳定时,决策规则才会将陈述g2变成系统实际追求的目标G2。这样一来,每一个新目标的建立都是在一定程度上基于系统的整体考虑,而不是单一目标的需要。

对于一个判断来说,"直接完成"意味着其所有可能的派生结论都已经被推断出来了,所以这个任务不需要再处理了。在纳思中,这只在很特殊的情况下才会出现。比如,当一个新判断观察已经完全在系统的预料之中,它一般就不会再提供任何值得考虑的新信息。

非公理逻辑的一个特点是正向推理和反向推理使用相同的规则,只是对真值的处理不同。这一点也可以通过规则的可逆性来体现。在讨论三段论规则时我们已经看到,当一个规则的结论和一个前提交换位置之后,得到的推理规则仍然有效,只是真值函数变了(推理的类型当然也变了)。这个性质大大降低了纳思实现时所需的推理规则的数量。

非公理逻辑的推理能力

非公理逻辑的最终范围是包含所有可以在纳思语上定义的有效推理模式,并以此刻画所有智能系统中的有效推理。由于这个目的本身并没有严格定义,所以很难说什么时候非公理逻辑可以被认为是"完备"的(当然,这不能像在经典逻辑中那样意味着"能够推导出所有的真理")。到目前为止,非公理逻辑的发展策略是逐步增加那些可以在纳思语上定义,并且可以通过基于经验的语义来辩护的推理规则。

有人认为,人类思维并没有逻辑合理性。既然思维难免犯错误,我们怎么能说思维遵循的是一种"逻辑"呢？这里并无矛盾,因为当系统的一个解答被认为是"错误"的,这是在与系统新的经验进行比较。只要这个结论在推出时是在当时的知识和资源限制下的最好选择,它就是"合理的"或者说"合逻辑的",尽管它仍可能导致预测失败。

3.5 纳思的结构与运行

要把一个纸面上描述的逻辑变成一个在计算机里实际运行的推理系统涉及大量技术细节。本书只介绍纳思的概念设计中的一些基本想法。

主要部分

纳思包括以下主要部分：

- **输入输出通道**：每个通道管理一类输入输出活动。最简单的以纳思语句为基本单位,复杂的可以完成纳思语和其他数据格式之间的转换,或纳思语和感知运动模式的对应。
- **任务缓冲区**：所有的新语句(包括输入的和系统推导出的)都作为待处理的任务在缓冲区中汇集并接受简单处理。这些任务竞争系统的注意力,而只有其中的少数任务会被选中进入记忆区。
- **记忆区**：任务和从中整理出的知识被组织在一张概念网络中进行处理和保存。
- **推理器**：每次从记忆区接受一个任务和一条知识,并以二者为前提触发相应的推理规则进而推导出若干新任务。

在一个纳思运行时,用户和其他与本纳思有通信关系的系统(包括另一些纳思)可以随时向纳思下达新任务,而纳思也可能将某些导出任务发送给用户和通信对象,包括问题的答案和其他请求或命令。

纳思的所有活动都是以任务作为目的和驱力的。由于系统在运行中不断从外界收到新任务并经推理生成导出任务,多个任务共存是正常情况。对应于纳思语的三种语句,纳思中有三类任务:

- **判断**,即新知识或被回忆起的旧知识。对其处理就是将它们整合进系统的知识之中,用来回答问题和满足目标。这个过程中会生成导出判断。
- **目标**,即系统希望实现的情境。对其处理就是找到能直接或间接实现这个目标的操作,并执行之,或为其执行创造条件。这个过程中会生成导出目标。
- **问题**,即对给定陈述的真值或愿望值的查询,或对满足给定条件词项的查找。这个过程中会生成导出问题。

根据前面的描述,不管一个任务的类型是什么,其实现过程都要求反复和相关知识相互作用。在这里,"知识"包括判断(陈述加真值)和愿望(陈述加愿望值)。由于知识不足,系统事先不知道哪些知识可以实现一个任务。由于资源不足,系统又不可能把每条相关知识都在每个任务上用一遍。在这种情况下,系统所追求的是尽量提高所有任务的总体实现水平,即各个任务实现水平的加权求和。这里要"加权"是因为各个任务对系统的重要程度不同。

动态资源分配

现在我们就触到了推理系统的核心。纳思语确定了哪些语句是可以表达的，非公理逻辑确定了从两个给定前提能够推出哪些结论，而推理控制要解决的是在系统中有很多任务和更多背景知识的情况下，在每个时刻用哪些前提做推理。对一个任务而言，系统往往不能遵循一个确定的推理路径，因为不知道怎么做最好，而时间又不允许考虑所有可能。纳思甚至不可能等一个任务处理完再去处理下一个，因为怎么算是"处理完"都是不容易说清楚的。

这和目前计算机的工作方式大相径庭，但人的思维活动却往往是在这种情形下进行的。我们对很多问题的处理不遵循确定的计划，而是具体情况具体分析，根据当前的知识和资源确定应对方式。纳思正是在这里采用了人类智能的基本方针，尽管在细节上非常不同。

作为一个实时工作的系统，纳思在任何时候都可能有许多任务。系统的控制机制根据系统的经验在任务之间分配处理器时间和存储空间，以求最有效地利用系统的资源。在情况发生变化时，分配方案也随之改变。

具体说来，每个任务会得到一个优先级评价以体现它当前的相对重要性。这个值与该任务在近期内将获得的处理时间大致成正比。这个优先级并不是绝对的截止时刻或处理时间长度，而是相对于其他任务的优先程度。因此，即使是同一个优先级的任务，在不同的情况下也可能会得到截然不同的资源量。比如，当系统忙碌时，每个任务得到的时间就会少些。所以，一个任务的优先级表示的大致是它（相对于其他任务)的处理速度和深度。

任务的优先级是很多因素的总和。对外界直接输入的任务来说，用户可以明确为其指定优先级，也可以使用系统为这类任务设定的默认值。由系统生成的派生任务的优先级取决于推出它的那个任务和知识的优先级以及推理规则的类型。

任务处理开始后，系统会根据进展情况对任务优先级进行调整。为保证系统对新任务的及时响应，所有任务的优先级会随时间衰减，这就使得进展不大的任务被逐渐遗忘。基本已经完成的任务的优先级也会降低，以使得系统把注意力转移到那些尚未完成的任务上。但如果同一个任务反复出现，其优先级就会上升。

和传统计算系统不同，纳思并不会将每个任务推进到一个预设的终点。以问题为例，传统系统会为其能力范围之内的每个问题找到一个解，报告这个解，然后停止处理这个问题。但纳思会报告每个目前找到的最好的解，然后继续去找更好的，直到其优先级降到最低档，而被系统从记忆中删除，以腾出空间来容纳其他任务为止。在知识不足的情况下，是找不到正确解或最优解的。

在传统系统中，一个问题的解决过程通常停止于找到解决方案之时，或者所有的可能性都被探索过之后。而在纳思中，无论找到了什么样的解决方案，当失去了对资源的竞争力时，这个过程就会停止。这样一来，系统永远不会陷进一个任务的处理过程，结果这个任务太复杂以致无法完成，就像在所谓"组合爆炸"之中。但是系统也不会简单放弃每个预料之外的问题，而不去进行任何尝试。

记忆结构

上述动态资源分配策略不仅应用于任务之间,同样也应用于知识之间。在处理一个任务时,每个相关知识都可能有所贡献,但系统没时间把它们都试一遍,而又无法事先确定哪些应该考虑,哪些可以忽略。纳思的办法是给每条知识一个优先级。每次需要知识的时候,原则上每条知识都有机会,但优先级高的使用率也高。知识的优先级也是多个因素的综合,包括其本身的质量(如真值和简单性)、历史记录(是否曾经有用),以及当前情境的相关性等。

由于纳思的每一个推理步骤通常都以一个任务和一条知识作为前提,而这两者必须包含一个共同的词项,因此在纳思中"概念"是一个处理和存储单元,就非常自然了。每个概念由一个词项标识,其中关联了所有包含该词项的现有任务和知识。在每个推理步骤中,两个前提必须来自同一个概念。

例如,内容是"喜鹊是鸟"和"鸟是动物"的任务和知识都关联于概念"鸟"之中。如果在推理步骤中,二者一个是任务,另一个是知识,那么派生的任务就会以"喜鹊是动物"为内容,并被关联于概念"喜鹊""动物"和"喜鹊是动物"(一个陈述也命名一个概念)。

在概念之间同样采用资源分配机制。每个概念都有一个优先级,以表示其当前的"兴奋"程度。直观地讲,一个概念的优先级反映了其中任务的总优先级,同时优先考虑那些"质量高"和"表现好"的概念。

现在,我们可以把纳思的记忆看成是一个双层结构:首先,记忆区可以看作一组概念,然后,在每个概念中有一组任务和一组知识。在这三个组中的数据（概念、任务或知识）都有相关的优先级定义于其间。或者我们可以把纳思的记忆想象成一个网络，以词项为节点，以任务和知识为链接。在这个图像中，一个概念由一个节点及所有直接相关的链接所组成。在每一个节点和链接上，都附加了一个优先级，以体现其在资源竞争中的地位。当然，上面两个描述都是极大地简化了的。

工作周期

作为一个推理系统，纳思一旦启动，就不断在主要部件上重复其预定的工作周期：

- **输入输出通道**：对于新输入通过预处理转换成纳思的任务，并有选择地送入任务缓冲区。
- **任务缓冲区**：对于任务进行初步处理，并有选择地送入记忆区。
- **记忆区**：每次选一个概念，然后选择其中的一个任务和一条知识送入推理器。
- **推理器**：以接受的任务和知识为前提触发相关推理规则，然后将结果送入任务缓冲区。

除了这些主要步骤之外，系统在特定情况下还有其他行动，如执行某些操作以和用户交流，或控制某些设备以直接改变环境等。每一个工作周期所花费的时间和空间都很有限。

一个任务的处理过程通常由多个工作周期组成。如上所述，这个处理过程和结果取决于任务本身、相关的知识，以及大量其他因素，如系统中的优先级分布、其他任务的存在等。从已知任务和知识出发，理论上可以确定可能结果的范围,不过实际会产生哪些结果以及其间的顺序由哪些因素决定,往往不可精确预测。

这就是为什么在 2.2 节中我说,在纳思中任务的处理并不遵循预先设定的算法,也没有确定的时间-空间的复杂性。在这个过程中,每个步骤(推理规则)仍然遵循一个算法,但这些步骤是以一种依赖经验和对环境敏感的方式组合成一个解决问题的过程的。由于系统的内部和外部环境都在不停变化,即使对同一个任务,系统在不同时刻的处理过程也可能不同。

自我感知和控制

作为对上述推理控制机制的补充,纳思可以在一定程度上感知和控制其自身的推理活动。

纳思有一组"心理操作",可以检测系统当前状态(如愿望满足情况),记录系统操作,创建新任务,提高特定概念的优先级,等等。系统可以根据对经验的反思来规划或调整自己的行为。和对外部世界的感知一样,纳思的自我感知既不完全也不精确,但仍然是解决复杂问题所必须有的。

系统参数

和逻辑部分不同,纳思控制部分在很多地方都不存在唯一"正确的"设计。比如,任务缓冲区的容量和知识的遗忘速度都不存在一个最优值。实际上很多不同的值都各有其对应的适用环境。由于纳思对未来的可能性持开放态度,因此就没有最优设计可谈了。

这当然不意味着所有值都一样。一般来说,每个值都有一个"正常"范围,在那之外会造成明显的缺陷,尽管这个范围通常是模糊的。在这个范围之内,很多值都可能各有优劣之处。无论如何,它们确定了系统的偏好或者说性格。虽然不同的计算机实现可以选择不同的值,但在运行过程中改变这种值有可能破坏系统的一致性和连贯性。它们被称为纳思的"个性参数"。未来出现多个纳思构成的群体时,其中每个纳思都可能具有不同的个性,这是由其"DNA"(系统参数值)决定的。即使给予它们完全相同的经验,这些系统的行为也可能在一定范围内或多或少地有所不同。

3.6 本章小结

推理系统为智能系统提供了一个恰当的描述框架。其表示语言确定了目标、操作、知识的具体格式,其推理规则规范了从已有语句中生成新语句的可能方式,而其推理控制策略确定了哪些可能性会被实现。

纳思是一个具体的智能推理系统,其表示语言和推理规则遵从非公理逻辑,而控制策略则负责动态资源分配。这个设计体现了第2章中提出的智能定义,而和传统推理系统有根本不同。

第4章
自组织过程

4.1 学习即自组织

先天与后天

一个适应性系统的行为是由其先天的构造和后天的经验两方面决定的。尽管上述结论是老生常谈，但对一个具体的系统而言，要把这两个因素分开并非轻而易举之事。人工智能为深入研究这个问题提供了机会，因为通过它我们可以相对清楚地区分这两者。

对纳思这样的系统而言，"先天构造"主要是指它的设计，这在第3章中已经简单介绍过，在我的专著和论文中更有详尽说明。在纳思的每一个实现中，一组内置操作决定了系统自身可以采取的基本行动，这就隐含地决定了系统可实现的目标的范围。系统参数决定了该纳思与其他纳思的差异。所有这些都和系统的经验无关，而是"元知识"的一部分，它们既非来自经验，也基本不能被经验所修改。

纳思的"后天经验"即输入数据流，包括从用户和其他系统得到的任务，也包括经感知运动界面从外部世界得到的直接经验。经过输入通道的预处理后，所有经验都汇聚在任务缓冲区。

纳思的记忆区在初始化时只有内置操作所涉及的概念，而不必有任何任务和知识。随着被选中的任务进入记忆，相关的概念和知识逐渐被建立起来，而系统的推理活动更进一步对记忆内容进行自组织，其结果同时依赖于上述先天因素和后天因素。

在先天因素不变的条件下，可以将一个纳思的某时刻记忆内容完全下载，然后装入另一个纳思中作为"初态"。这样一来，后者在"出生"时就已经承接了前者的部分经验。但这种"植入式"记忆不是"元知识"的一部分,因为这和后面一个系统通过经验得到这个记忆并无原则差异(当然所需时间不同,因此有实用上的差异),而且可以被未来经验所修改,而前面提到的先天构造是基本独立于经验的。

有人根据这种思路设想人机之间的记忆转载,但人脑是"固件",没法把内容从存储器中精确读取出来,加上不同人的固件不同而且没有"写入"操作,我不认为"心灵上传"之类的操作可以完全实现。在这方面,人工智能和人类智能有根本差异。

总而言之,纳思结构中的先天和后天因素是有相对明确的区别的:前者是系统内置的,用元语言(本书中为中文)描述,对应于可能性(系统可能成为什么);后者是系统从经验中学习的,用知识表示语言(纳思语)描述,对应于现实性(系统已经成为什么)。一方面,在设计一个智能系统时,不需对其经验内容做假设或限制;另一方面,系统学习结果都体现为记忆内容,而不涉及元逻辑。

在这一点上,以纳思为代表的人工智能不同于人类和动物的智能。因为计算机不是生物系统,它没有成熟过程。纳思就像一种特殊的婴儿,生来就有成人的大脑,但却没有任何内容。既然按照本书的理论,"智能"是系统的本质,那么在纳思身上它就不是学来的,而是设计者做进去的。系统经过学习获得的是解决问题的"技能",而其"智能"作为学习能力是先天的。

学习和推理

在以往的人工智能和认知科学研究中,学习和推理通常被当作两个不同的功能,前者遵循某种算法获得新知识,而后者遵循某些规则揭示已有知识的推论。很多传统人工智能系统通过推理解决实际问题，而通过学习来提高系统的能力。简而言之，推理是解决应用层面的问题，而学习解决"元层面"的问题，所以二者是不同的过程。它们的联系主要是学习结果可以作为推理前提。

与上面所说的不同，在纳思中，学习和推理是对同一个过程的不同描述。"推理"说的是系统的工作步骤，而"学习"说的是这些步骤造成的记忆变化。根据第3章的描述，所有的记忆变化要么直接受推理规则的支配，要么是控制机制的后果，所以学习是通过推理完成的。而所有的推理活动都是将过去的经验扩展到新情境的尝试，所以推理是为学习服务的。

二者的统一之所以成为可能，是因为在纳思中推理不是二值演绎，而是以往所谓的"扩大知识的推理"，即结论中包含了前提中没有的东西，所以是学习。在纳思中，结论的真值表明了它从前提中获得的证据支持，结论没有无中生有的新信息，只是将前提中的信息以不同的形式重新组织起来，所以它相对于适应的目的而言是合理的。这样一来，可以说纳思提供了一种"学习的逻辑"。

即便如此，推理和学习还是有一些重要区别的：当纳思的工作过程被看作推理时（如第3章），重点是每一步的前提-结论关系；当其被认为是学习时（如本章），重点是它对系统的长期效果。后面我们会看到，在许多其他主题上也是如此，就是许多传统上被认为是相互分离的认知过程，在纳思中都被统一在同一个过程中，尽管传统概念在关注这个过程的不同方面时仍然是有用的。

从经验中学习

正如2.2节所解释的那样,在一个智能系统中,学习是由经验引导的适应。这意味着不仅很多学习活动都是由经验引发的,而且这些活动的效果也是由经验来评价的。准确地说,学习并不是系统建立世界模型的过程,而是系统重新组织经验以便在变化的环境中更好地满足自己的目标的过程。这两种说法的差异类似于所谓"无我之境"和"有我之境"之间的差异。

纳思的自组织过程是由系统内部始终存在的两个基本冲突所驱动的:

- 系统只能靠过去的经验来预测未来,而未来和过去总有不同。
- 系统只能靠现有的资源来处理任务,而资源总是不够用的。

因此,自组织的成功与否不能以系统行为的正确性或最优性为标准,因为这需要将行为与未来的经验进行比较,而忽略行为产生的知识和资源约束。相反,自组织的目的是"尽力而为",即根据现有的知识和资源,追求实现当前目标的最好可能。这是"理性"在这种情况下的体现。

以往关于理性的讨论往往忽视了其在不同情况下的不同形式。一个智能系统总是会犯错误的,就是说它的期望和预测不会全部实现。但是,这些期望和预测仍可能被看成是理性的,只要它们是系统在其知识和资源条件下所能找到的最佳结果。在这个意义上,被一个系统认为是理性的观点和行为,可能被另一个系统认为是非理性的,甚至对于同一个系统来说,在一种情况下的理性结论,在另一种情况下也可能被认为是非理性的。当然这不是说所有结论都算是理性的。那种全无根据的猜测即使猜对了也不能算是理性的产物。

在智能系统的自组织过程中,经验既起着建构作用又起着解构作用。由于新经验常常挑战现有的观念,所以学习绝不仅仅是往记忆中添加新材料,而且也会删除或修改旧有的部分。同时,经验还不断地提供新的模式和规律,可以为自组织提供方向。

在改变记忆的同时,新经验自身也会在这个过程中得到改变,而不会被原样接受。根据皮亚杰的理论,同化和顺应是学习的两个方面,前者是指新经验是根据系统现有的知识被识别、解释、分类和理解的,而后者是指这个过程同时又依据新经验调整了系统的知识。

作为过程的学习

在现有的人工智能研究中,学习有两种常见模式:

- 作为一个遵循给定算法的确定性过程。这之所以被认为是学习,是因为输出结果是输入信息的泛化。
- 作为一个收敛的随机过程。这之所以被认为是学习,是因为解决方案是在没有详细指令的情况下发现的。

虽然将上述过程视为学习确实是有道理的,但它们在人类学习活动中只是特殊情况。人类的学习过程往往对经验和情境高度依赖,所以无法表述为可重复的"学习算法"。这些过程通常是开放式的,即没有任何一个结果是"终结性"的,不能被进一步的考虑和新的证据来修正。这也是人类学习过程一般不能被看成是遵循算法的理由。

对于一个以知识和资源不足为预设的系统来说,上述情况是不可避免的。由于系统必须一直向不可预知的经验开放,它不可能遵循预定的学习程序,也不可能停留在预定的状态。相反,学习成为一个终身的、开放的、对情境敏感的、不可逆的过程,在这个过程中,系统不断修改记忆的内容,以便更好地组织经验来处理当前的任务。同时,系统必须不断调整资源配置,以便尽可能满足各种任务的要求。

在这种情况下,在推理系统的框架中完成学习有其优势。即使不可能事先指定一个完整的学习过程,但仍然可以指定这样一个过程中有效的步骤,以及如何将步骤组合在一起的机制。这样一来,单个步骤的严格性和步骤组合的灵活性使得系统在现实的情况下具有适应性,同时仍然可以遵循既定的合理性原则。

下面我们分别讨论自组织过程在智能系统各个方面的具体体现。

4.2 目标自组织

系统的目标

"目标"在本书中有两个相关的含义:当广义地谈论信息系统时,这个词是根据1.2节给出的定义来使用的,即泛指系统的稳定状态或发展方向。而在纳思的技术性描述中,"目标"专指系统试图实现的陈述(祈使句)。前一种意义上的(广义)目标包括了后一种(狭义)作为典型情况,同时也包括了纳思中其他类型的任务(陈述句和疑问句)。下面的讨论主要是针对狭义目标的,尽管大部分结论同样适用于广义目标。

目标的来源分为初始的和派生的两种。前者是外界赋予系统的,后者是系统自己从前者中产生的。在纳思中,每个输入任务都成为初始目标,而预装在记忆中的任务也同样。在人或动物中,所有的先天驱力都是初始目标,而所有其他的任务都是逐步生成的派生目标。

正如 1.2 节所解释的那样,信息系统的运行过程可以描述为"通过行动实现目标"。具体来说,如第 3 章所述,在纳思中如果一项任务是一个判断,那么实现它就是要推导出它的含义;如果它是一个问题,那么实现它就是要为它找到答案;如果它是一个(狭义)目标,那么实现它就是通过行动让它成为现实。在知识和资源不足的情况下,一个目标不会完全实现(无法穷举所有结论,而且结论的可信度也达不到最大值),只能在一定程度上实现。同一个目标可能会反复出现,环境可能会发生变化,因此,实现一个目标通常是不可以一劳永逸的。

在一般情况下,在智能系统中任何时刻总有多个目标并存,形成一个目标体系。尽管旧的目标不会完全实现,而新的目标又不断出现,目标的总数不会无限增加,因为低优先级的目标会不断地被放弃。在系统运行中,其目标总量大致不变,而这个目标体系的"合力"决定着系统当前的发展方向。随着环境的变化和系统的发展,这个方向也会或多或少地改变。

目标之间的关系

两个目标之间最直接的关系是派生关系。如上所述,纳思中每一个派生任务(子女任务)都是由另一个任务(父母任务)产生的,而后者又可能有它的"父母"。这棵"家族树"可以一直回溯到一个初始任务。任务派生之所以必要,是因为大多数目标不可能通过一个动作直接实现。一个初始目标往往是通过一系列的步骤来实现的,其中每一个步骤都是一个派生目标,是为初始目标服务的手段。

在本能系统中,派生关系是固定的。动物的需求往往总是以同样的方式来满足的。在传统的计算机系统中,一种信息处理任务往往由同一个程序来完成,其中包含多个子程序。但在智能系统中,当同一目标出现在不同情境中时,系统常常需要以不同的方式实现它。因此,每次实现某目标时,纳思会根据当前的情境经反向推理产生派生目标,而这个派生关系可能是以前从未发生过的。如3.5节所述,在纳思中,对于给定时刻的给定任务,派生出来的任务取决于此刻被选择的知识。

两个目标之间的关系也可以是间接的。比如,一个目标的实现会使另一个目标的实现变得更容易或更困难,其原因是前一个目标的建立或者破坏了后一个目标的前提条件,或者改变了后者的处理环境(系统的记忆结构)。

当系统变得足够复杂时,其中诸目标之间的一致性是完全无法保证的。经常出现的情况是,一个目标希望系统采取某种行动,而另一个目标的要求正好相反,且这个冲突要通过一个相当长的推理过程才会被发现。

即使两个目标在内容上没有联系,也可能会影响对方的处理。由于系统通常资源不足,在一个目标上花费更多的时间和空间就意味着在其他目标上花费更少的时间和空间。因此,原则上任何一个目标的处理都会对其他目标的处理产生一定的影响。在这样一个系统中,很少能孤立地研究一个目标的实现过程而不涉及其他目标。

目标和愿望

在纳思中的任务派生有两种情况：如果生成的任务是一个判断或问题，那么只需将其添加到相应的概念中处理就是了。但是如果任务是一个目标，那么就需要多一个步骤。

如前所述，纳思中的一个（狭义）目标表示要通过执行系统的一些操作来实现的一个陈述。与另两种纯粹的推理性任务（消化知识和回答问题）不同，实现目标意味着在系统内外造成变化，因此，不同的目标之间可能发生冲突。如果系统立即执行一个操作来达到某个目标，而后发现这个操作破坏了另一个更重要的目标，那就不妙了。为了避免这种情况的发生，系统不会马上追求一个派生目标，而是用它来调整相应语句的愿望值，如3.4节所述。

通过这种方式，系统中每个事件的愿望值被用来衡量该事件对系统中已考虑到的目标的总体效果。只有愿望值足够高的事件才会被确立为系统实际追求的目标。当然，系统仍然可能会做出事与愿违的决定，但这与不假思索地追求每一个派生任务已经有根本不同。

在纳思中，语句S的愿望值被定义为语句"S的后果符合系统的目标"的真值（而不是S本身的真值！）。这就是说，系统愿意它发生的程度也就是相信其结果对系统有益的程度。这样一来，所有关于愿望值的计算都被转换为关于真值的计算，尽管二者衡量的是语句的不同属性：真值表示它和证据的一致程度，而愿望值表示它和目标的一致程度。当目标冲突发生时，赢家会是愿望更强烈的那方。

愿望值最初是在事件上引入的，但可以被推广到系统中的每一个概念上，因此为系统的情感机制打下基础。根据传统观念，理智和情感是对立的。但近年来越来越多的研究结果揭示了二者的密切联系。当一个智能系统足够复杂时，往往需要对事物与自身的关系做出快速评价，并采取相应行动。情感机制就提供了这种功能，因此其适用范围不限于人类或动物。

一个系统通常有很多理由去喜欢（或不喜欢）各种对象或事件。然而，无论原因是什么，简单的愿望值都会提示应该如何对待该对象或事件，这有利于快速处理相关任务。对于一个知识和资源不足的系统来说，这种基于情感的快速处理是绝对需要的。比如，在其他条件相同的情况下，应优先处理系统对其有强烈情感的概念，无论这种情感的内容和来源是什么。

目标异化

在知识和资源相对不足的情况下，目标派生只能是历史关系，而非逻辑关系。这就是说，如果目标A派生了目标B，这仅仅说明在此时系统相信B的实现有助于A的实现，但这个信念本身不一定那么可靠，所以当B真正实现后可能对A并无助益，甚至可能有所妨碍。这种情况在派生过程中是无法完全避免的。

随着派生过程的传递和交叉，目标间的关系会越来越复杂。比如，前面的目标B又派生了目标C，而后C又被另一目标E所派生，此时C和A的关系就不好说了。如果A通过另一个途径（与B、C无直接关系）被满足，那么B和C也未必应该被撤销。一方面是由于C和E的关系，另一方面是由于适应性系统根据过去估计未来的结果，即B仍有可能再次成为目标,所以未雨绸缪是有道理的。

基于这些原因,在纳思中,B不被看成是A的"子目标",而是独立于A被处理的。尽管B当初是作为实现A的手段被创建的,但它已不再仅仅是实现A的手段。这种处理方式与本能系统中目标派生的处理方式非常不同。例如,在传统的计算机系统中,一个子程序只作为调用程序的一部分运行,不会比后者存在的时间更长。而在纳思中,在原初目标不再活跃(可能已经实现、放弃,或者只是暂时休眠)之后,其派生目标仍可能在主导系统行为。

这种"手段的目的化"在心理学中称为"机能自主",而在哲学中被称为"异化"。智能系统的很多特征,如自主性和创造性,都与此密切相关。

因此,纳思在某一时刻的当前目标完全可能不同于系统的初始目标,因为其中大量的目标是派生的,与系统的信念密切相关,而这些信念又是系统经验的总结,是高度个体化的。这样一来,智能系统的目标体系也是依赖于经验的,无法在设计时完全确定。

这种情况给智能系统的控制提出了很大的挑战,即如何保证一个人工智能系统能够按照设计者的预期工作。在关于人工智能伦理道德问题的讨论中,很多人认为关键是要给人工智能系统制定像阿西莫夫(Isaac Asimov)的"机器人三律令"那样的"总目标"。这个想法听起来自然,但问题很多。由于知识不足,即使所有派生目标确实都是由一些良性的初始目标产生的,其后果也可能变成恶性的。除非我们有足够的知识,否则不能完全排除这种可能性。

有人建议只允许系统推导出可以证明与给定初始目标一致的派

生目标。首先，这只能在一定的近似范围做到，因为关于涉及未来的一组目标的一致性是无法严格证明的，只能说在考虑到的情况下都一致。其次，这么做实际上是在限制系统的智能。像传统的计算机那样只做人类用户字面上要求它做的事情其实也不安全，只是此时出了问题可以归罪于设计者或用户，而非让系统负责。但这就回到"计算"了，与智能没什么关系。

目标异化造成了许多问题，但同时也带来许多重要特性。可以说，我们区别于其他动物的所有"人类动机"都是我们的生物动机异化的结果。目标异化也解释了为什么人们会参与那些没有什么实用价值的活动，比如欣赏美术和音乐，或者参加游戏和娱乐。不管这些活动的最初目的是什么（通常是为其他目的服务），后来人们只是为了"好玩"或"欣赏"。也就是说，这个活动本身已经成了目标。此外，许多在各个领域（如科学、艺术、体育、商业等）取得超凡成就的人，都是在从事这些活动的过程中感到快乐，而不是把它们作为达到另一个目的（如赚钱、成名、拯救世界等）的手段。

不管你喜不喜欢，目标异化是任何一个真正的智能系统中不可避免的现象。禁止它就意味着完全禁止智能。这个结论不应该被理解为人工智能最终会失控。一个异化的目标不是无中生有的任意突变。要控制一个智能系统的行为，仅仅限制初始目标是不够的，因为系统的经验也极其重要。我们将在第5章中回到这个话题。

目标体系的发展

综上所述，智能系统中的目标体系会经历一个自组织过程。

最初，系统中只有来自外界（植入或遗传）的初始目标，对此系统没有选择权。从这个意义上说，智能是道德中立的，因为它的先天功能可以容纳任何动机。同时，智能也是价值中立的，因为对象或事件的价值是根据系统的目标来评价的，而与系统的智能无关。

一旦系统开始与环境互动，它就会根据自己的经验形成信念，而新目标是从现有的目标和信念中衍生出来的。系统中很快就会有许多共存的目标，它们同时起作用（尽管在决策时权重不同），而不是依次被满足。

在很多时刻，一个或几个目标可能占主导地位，而其他目标只产生较小的影响。然而，即使在这些情况下，占主导地位的目标也不一定是最初的目标，而且它们的主导地位不会永远持续下去。除了优先级上的差异，不同的目标也有不同的持续时间。相对而言，有些目标是长期的，另一些是短期的，还有些目标是周期性出现的。

虽然目标之间的冲突和竞争是不可避免的，但系统会尽最大努力在其间取得平衡，并在现有知识和资源允许的范围内尽量多地满足这些目标。可满足的和相互和谐的目标会得到奖励，而没指望的和彼此冲突的目标会受到惩罚。在这个过程中，不可避免地会有很多目标无法实现或只能在很低的程度上实现，但它们仍会对系统产生影响。智能系统不会不惜一切代价地追求一个单一目标。

从长远来看，系统可能会成功地建立起一个相对稳定的长期目标体系。这个体系作为系统"人格"的重要组成部分决定了其长期行为特征。在这个体系中我们可能会发现类似马斯洛（Abraham Harold Maslow）的"需求层次"（即从生理、安全等低级需求开始，经过社交、尊严等中级需求,达到自我实现等高级需求),但这个层次更多地反映了目的派生次序,而非实现次序或优先级。在一个特定时刻,在系统中占主导地位的目标可能位于目标体系中的任何一层。

4.3 行动自组织

系统的行动

正如1.2节介绍的那样,"行动"是系统对内部或外部所能做的事情的抽象。

纳思的行动可以分为"自动"和"受控"两种类型。前者直接被源程序(如Java)控制,是系统常规工作过程的一部分(见3.5节);而后者表示为纳思语中的操作语句(见3.3节),是在成为一个目标后被执行的。由于自动行动不直接参与自组织,这里我们重点讨论受控行动,即那些根据系统的明确决定而采取的行动。

关于一个操作的知识也和其他知识一样体现为概念替代关系。操作之间可以建立继承关系和相似关系(比如,"走"和"跑"都是"移动"的特例),而操作和相关事件之间也可以建立蕴涵关系和等价关系(比如,"走"会导致所看到的景物的变化)。对操作来说,最常用的知识是其前提条件和后果。与其他知识相同,上述所有知识也都有基于证据的真值。

纳思的复合操作对应于心理学中的"技能",是由简单操作构成的。简单操作与复合操作的关系就像计算机中"指令"和"程序"的关系。要实现一个熟悉的目的,直接使用一个已知有效的复合操作要比每次都从简单操作重新开始效率高多了。对一个反复出现的目标,如果系统的应对总是同一个复合操作,这里的问题(目标)和解答(应对)之间的关系就类似于本能系统中的"计算"了。对某些具体问题而言,系统的知识和资源可能是相对充足的(所以可以靠计算),尽管纳思在整体上永远处于知识和资源相对不足的状况(所以只能靠智能)。二者并不矛盾。

技能学习

如 1.3 节所述,一个智能系统的基本操作是预先给定的。在生物系统中,基本操作主要是由先天(遗传)因素决定的,在系统成熟后不再变化。在人工智能系统中,基本操作是设计者确定的。虽然后天添加基本操作是可能的,但这样做之后,系统是否还应该被看作原系统则是个问题。哪吒有了三头六臂之后还是原先的那个哪吒吗?

智能系统操作的增加主要是通过复合操作的建构和维护实现的。纳思中复合操作的建构包括"顺序执行""并发执行""有条件执行"和"重复执行",并且可以在推理中通过"命名"将复合操作看作简单操作。这样一来,纳思语就可以被看作一个简单的程序设计语言,而纳思可以通过推理和学习在这个语言中为自己的行动"编程",从而体现技能习得过程。

对于一个知识和资源充足的系统来说,建构复合操作并不会增加系统实现目标的能力,因为复合操作最终还是要分解成简单操作来执行的。所以从理论上说,系统的能力只取决于其简单操作集,就像一台计算机的能力在根本上取决于其指令集一样。但是,在一个智能系统中，如果知识和资源不足，系统就没有足够的资源在简单操作的层面来实现目标，因此复合操作的存在与否往往决定了系统的实际能力。技能习得可以让系统进行"模块化程序设计"，由操作逐层构建"程序"，其中每个程序由若干子程序组成，同时又可以作为一个更大的程序的一部分。这样的程序（复合操作、技能）直接和目标挂钩，因此有效的复合操作越多，系统所能实际达到的目标也就越多，虽然说理论上可能达到的目标仍是一样的。

这样一来，问题变成如何挑选那些有效的复合操作。当简单操作集足够大的时候，大多数随机组成的复合操作常常完全无效或只是偶尔有效。在知识和资源不足的情况下，纳思不可能精确地评估每一个组合（否则会陷入所谓"组合爆炸"），也不可能盲目尝试，因为失败可能会让系统损失太大（不像玩游戏，输了可以再来）。

就像其他复合词项在纳思中的建构一样，复合操作的建构也是以目标为导向，以规则为模板，以经验为标准。首先，系统对每一个操作（不论简单或复合）都有关于其前提条件和后果的信念。当系统在寻找实现某个目标的方法时，反向推理会找出一些能够产生预期后果的操作，然后这些操作的前提条件就可能成为派生目标。在由此激活的正向推理中，相应的建构规则就会将有关的操作组成复合操作。

如同人脑中的情况一样，一个复合操作是否有用，通常不是经过一次试用就能决定的。相反，支持或反对它的证据是逐渐收集起来的，而有用的复合操作最终变得足够稳定，可以作为一个整体来对待。使用这样的技能来满足目标，系统不需要一步步地决定做什么，因此大大提高了目标实现的效率。和其他概念一样，一个不好用或不常用的技能会逐渐被遗忘。

纳思中的技能习得问题与人工智能中传统定义的规划问题类似，都是关于如何使用复合操作解决复杂问题。不同的是，在纳思中技能习得是由一组推理规则进行的，整体过程并不遵循预定的算法。此外，纳思很少试图直接从简单操作中获得一个复杂的计划或技能。相反，这样的技能会被分层构建，在每个中间结构中只涉及少数几个操作。作为中间结构的动作通常在系统中已经存在相关知识，所以每次形成新的技能时，不需要尝试大量组合。

行动学习的限度

虽然纳思可以通过技能的习得来获取新的行动能力，但这些变化仍发生在系统的记忆中，并通过纳思语来表达。按照目前的设计，纳思不会进行"元级学习"。也就是说，它的经验不会被用来"改进"它的源程序中的推理规则和控制策略（除去个别参数的动态调整）。

在一些人看来这是一个缺陷，因为在他们看来，最强的学习形式是由一个可以修改自己源代码的系统实现的。这种观点有几个问题。

首先，如果我们同意学习意味着经验驱动的行为改变，那么通过修改数据或修改程序来实现这些改变通常只是技术层面的选择，而不影响改变的范围。只要确定了所有可能的行为空间，通常所有想要的行为改变都可以通过修改数据来实现，这远比修改源程序简单。在一些编程语言（如 Lisp 和 Prolog）中"程序"和"数据"的传统界限已被打破，因此让一个系统修改自己的源代码在技术上早就不是问题了，而真正的问题是"怎么改"。

诚然,程序修改通常会比数据修改对系统的行为造成更彻底的改变,但激进的变化并不总是更体现智能的,因为对系统来说,源代码的错误要比数据的错误危险更大。有些人以为,当一个系统能够修改自己的源程序时,它将拥有无限的潜力。这是一种误解。只要重编程不是随机进行的(这将有很大的概率杀死系统),它就必须遵循明确而详细的"元规则"。而要修改"元规则",我们需要"元元规则"!无论在学习过程中引入多少个层次,"顶层设计"总是固定的。即使人类智能有极高的灵活性,我们仍不可能改变自己头脑中的一切规律。我们不能提高自己的思维速度,也不能强迫自己忘记一段不愉快的记忆(虽然我们可以玩一些技巧来使它更容易发生)。通常被学习改变的是思维的内容(经验层面),而不是思维的规律(元层面)。

用本节开始时引入的词汇来说,在原则上可以把某些"自动行动"变成"受控行动",以便系统自身通过学习来改善控制。例如,生物反馈技术可以使人将自己的某些生理指标控制在一定范围内。但对系统来说,这并不总是一件好事,而且没有一个系统能够把所有的自动行动变成受控行动。

基于这些考虑,在目前的纳思设计中,学习(或者说自组织)只发生在经验层面。这种技术限制并不限制系统在解决实际问题时的能力。纳思在"元层面"的适应能力是一个未来要考虑的课题,很可能以"进化"的形式发生,但如2.3节中所解释的,这将是一个与智能不同的问题,因此本书将不进行详细讨论。

4.4 知识自组织

系统的知识

如3.5节中所介绍的,在纳思中"知识"包括信念(陈述加真值)和愿望(陈述加愿望值),而后者是前者的一种特殊情况。因此,我们下面主要讨论信念,而大部分结论也可以引申到愿望。

纳思中的"信念"包括我们通常所说的"事实""观点""想法""假设""猜测"等,这些词之间的差别由信念的真值和其他属性来体现。如第1章所介绍的,信息系统中的信念提供了目标和行动之间的联系。在本能系统中,信念为每个目标与能够实现它的行动之间提供了稳定联系。这在生物体中体现为刺激-反应关系,而在计算机中体现为程序及其完成的计算之间的关系。与此不同,在智能系统中目标和行动之间的联系是可变的,而这就体现在信念的可变性上。这里的"可变性"指的是信念可以被创建或删除,而在存在期间其属性(真值、优先级等)也会变化。其结果就是同一个目标在不同的情况下可能触发不同的行动。

纳思中的新信念既可能直接来自输入任务,也可能来自推理导出的派生任务。如果任务类型是判断,系统对其进行处理的结果包括一个相应信念的建立,即一个带有真值的陈述,代表概念之间的替代关系。在系统中,一个判断可能被保存为"任务"和"信念"两种形式,这主要是出于技术考虑。纳思的推理规则以每次接受一个任务和一个信念为前提推导出新任务。作为处理对象的任务可能是陈述句,也可能是祈使句或疑问句;而信念是处理的依据,只能是陈述句。任务是记忆中主动和短期活跃的成分,而信念是被动和长期保存的成分。在正常情况下,系统中任务的数量要远少于信念的数量。

如果我们把"一致性"定义为"每个陈述句只能有一个真值",那么纳思的信念就未必总是一致的,因为系统从不同的经验片段很可能会得出内容相同但真值不同的判断。由于纳思是在知识和资源不足的情况下工作的,它通常无法把所有的判断都建立在它的全部经验上。事实上,在有些推理活动中甚至不希望系统考虑所有证据,如类比和比喻都是选择性使用证据的。允许信念间的这种不一致,并不意味着系统会对冲突的信念视若无睹。当一个任务和一个信念的内容相同,但真值来自不同的证据(即经验的不同片段)时,纳思会用修正规则根据累积的证据得到一个结论。由于这个结论是基于较多的证据之上的,它通常比那些基于部分证据的判断有更高的优先级。

知识整理

很多人工智能系统主要依靠领域知识来解决问题。其中,知识按事先设计好的格式和结构来组织和存储,而后被用来回答查询。与这些系统不同,纳思不是被动地接受和保存外界提供的知识,而是主动地对知识进行获取和加工。其结果是纳思的记忆区和常规的知识库有若干重要差异:

- 在接受了一条新知识之后,纳思不仅将其作为一个信念放入记忆,而且将其作为一个任务进行处理,即通过和相关信念的结合来揭示其引申意义。这种任务的处理深度由注意机制控制,因此不会造成"组合爆炸"。

- 纳思不完全相信所有的输入知识,而是会根据自身的经验对其进行修正。
- 纳思会遗忘很多输入知识。

综合上述因素,纳思不是照原样记忆输入知识,而是记忆这些知识的"总结"和"摘要"。整理过程就是系统对知识进行自组织的过程。其结果当然被输入材料所约束(不会无中生有),但其他因素的作用也不可忽视。

由于正向推理的结论依赖于已有知识,同一条输入信息在不同的知识背景下推出的结论就不同,或者说系统对此输入的"理解"不同。即使在同一个系统中背景知识没有重大改变的情况下,如果注意的焦点不同,也会造成理解差异,而在很多情况下这些导出结论比输入本身对系统的影响更大。一般而言,对一条输入的理解不仅仅体现于为其建立的内部表示,更重要的是对其进行处理所造成的记忆变化。

和传统的看法不同,提问题也是为纳思提供知识的方式,尽管这种知识主要体现在信念和概念的优先级分布上,而非表现在信念的内容中。在知识自组织过程中,对一个信念的优先级评价在很大程度上取决于该信念在实现目标和回答问题时的贡献,而其结果会影响到哪些属性和关系会被当作一个概念的"基本意义"或者说"本质"。

知识自组织的方向

在纳思中,知识自组织不是为了获得对世界的精确描述,而是为了根据过去的经验将目标与行动更有效地联系起来。系统的推理能力可以将过去的经验用于处理当前和将来的任务。在确立目标之后,推理可以让系统找到实现它的手段;在采取行动之前,推理可以让系统预见它的各种后果。或者说,系统可以用内部思维模拟外部环境,尽管这种模拟不可能是完美的。

出于这个目的,知识自组织所追求的是:

- **正确性**:知识应该符合系统的经验。
- **指导性**:知识应该引导系统的行为。
- **简洁性**:知识应该尽可能简单。

这三个要求是相互独立的,所以满足一个要求未必会满足另一个。实际上,它们往往指向不同的方向。比如,对经验的描述最正确的是经验本身,但它一点也不简洁;对经验的总结可能过于笼统,以至于无法为系统提供具体指导;具体的知识往往并不简洁,而且有很多的反例。面对这些冲突时,上述三个要求中没有哪一个是总高于其他两个的,尽管对于特定的情况来说,仍然可以在综合三者的基础上选出较好的信念。

现有人工智能理论中的一个常见问题是偏重上述的一个要求而忽略其他要求。例如,有些人把智能看作对数据进行压缩编码的能力。这种观点涉及了正确性和简洁性,但即使是对过去完整经验的无损压缩,也未必能为系统提供处理新情况的指导。为了均衡地满足这些要求,纳思给信念评定优先级,其中包括常见、有用、简单等因素,而高优先级会导致高使用率,以此实现信念体系的优化。

知识自组织是一个不可逆的过程。任何时刻的信念及其优先级分布都是由系统的整个历史造成的,即使是被遗忘的信念也可能留下印迹。对于某项知识,系统可以用它的否定来修正它,从而"中和"

它,所以正面证据和负面证据的权重是一样的。但是,在这个过程中,证据的总量增加了,所以减少了未来修订的幅度,即随着证据的积累,系统对新证据的敏感度会降低。在纳思中,一个信念的可信度随证据的积累而增加并收敛于其极大值1,但这个信念的频率值却不一定会收敛,而是仍然会在整个[0,1]区间内变化。

在相对稳定的环境下,系统会逐渐形成可靠的知识结构,从而使常规问题得到更高效的解决。然而,当新问题出现时,这种确定性也意味着偏见和固执。对一个似曾相识的任务,系统一般是先尝试用老办法来处理,只有当老办法行不通时,才会打破常规。这就是说,纳思会表现出创造性现象,但并没有一套与逻辑思维分立的"创造性思维"规则或机制。

我们可以用"公理化"来描述知识自组织的努力方向:在一个领域中,最理想的知识组织方式是找到少量可靠的"公理",其反例和未来证据都可以忽略不计,所以它们可以简单地被认为是"真"的。它们的指导意义体现于其"完全性",即可以推出该领域中所有真结论。如果我们再知道一个算法,其能完成所有推导,那就圆满了。这种完美的系统正是3.2节中所说的"全公理系统"。由于纳思的"不足预设",这种完美是不可能达到的,但系统仍然可以将其作为努力方向,即奖励那些与其相符的成分,如那些正例远多于反例且可以完成常见任务的简单知识。

纳思的公理化努力和系统中的非公理化趋势并存,而后者主要来自新经验的挑战。由于系统的开放性,再可靠的信念都可能不得不在新证据的面前调整自己的真值,而由此引发的连锁反应可能摧毁任何坚固的知识体系。这种公理化(有序化)和非公理化(无序化)的角力在适应性系统中普遍存在。

信仰和约定

虽然像纳思这样的智能系统中的知识在整体上不可能完全公理化，但局部内容还是可以在一定程度上做到的。

纳思中基于证据的真值表达了系统对一个概念替代关系的"真实感"或者说相信程度，从而刻画了目标和行动之间的各种联系的不同强度或紧密程度。这个二维度量固然可以表示各种不确定性，而且使得信念间的普遍可比性成为可能，但这个度量植根于个人经验，在与其他系统交流时用处不大，而且处理复杂。这就是我们对"是非分明"的二值逻辑仍有很大需求的原因。

在纳思中使用二值逻辑的方法是将"真"和"假"作为概念使用，所以对一个陈述 S 而言，直接用"S 是真的"和"S 是假的"来表示该意义下的"真值"，而这和 S 的频率值与可信度构成的真值不在同一个描述层面上，因此并无矛盾。

我们可以进一步区分不同种类的"真陈述"：

• 被系统有意识保护的"信念"可以称为"信仰"，尽管这两个词在中文里的意义差别没有这么大。一旦某个信念被接受为信仰，其真实性就不再直接被新证据所挑战。即使系统遇到貌似反例的情形，也会通过加入辅助假说、调整概念意义等手段化解矛盾。信仰为系统的知识提供了确定的基础，由此提高了系统的工作效率和稳定性，但同时也限制了系统的适应性。这种"真理"在宗教等某些意识形态中是常见的。

- 另一种"绝对真"来自"约定"。这通常是通过抽象引入一个"人造的"概念,而以"命名""定义"等方式确定它和其他概念的关系。由于这些关系本来就是在日常经验之外的,其真实性自然就不会受到未来经验的挑战。这种"真理"在数学和其他抽象理论中是常见的。

在纳思中,这种"局部公理化"和系统的"全局非公理化"可以共存,各有各的作用。

4.5 概念自组织

纳思的概念

正如1.3节所介绍的那样,每个信息系统都可以通过其目标、行动和知识来描述。而在纳思中,"概念"提供了将这些成分组织起来的中间结构。其结果就是记忆中包含很多概念,而每个概念都包含相关的任务、信念、愿望和执行过程。从计算机实现的角度看,这样的概念既是一个存储单位,也是一个处理单位,因为推理通常发生在某个概念中的任务和信念之间。

纳思中的新概念可以直接来自外部输入,也可以是系统构造的结果。如果一个输入任务包含一个前所未见的词项(包括复合词项),系统会创建一个相应的概念。当建构和解构规则(见3.4节)被触发时,结论将包含一个不在前提中的词项。如果该词项在记忆中不存在,那么也会导致一个新概念的创建。

如3.5节所述,每个概念以及概念中的每个任务和信念都有优先级,相应于其在下一个工作周期中被处理的相对概率。

每个概念都有固定的最大存储容量。当给定空间被装满后,优先级最低的任务和信念将被删除以释放空间。同理,系统的整个记忆区也有固定的容量,当被充满后,低优先级的概念也会被删除。和操作系统类似,纳思会管理自身的空间资源。这也是"不足预设"的一个具体体现。

概念的含义

在纳思中,一个概念对系统的含义(或意义)与命名这个概念的词项的含义密切相关。根据3.3节中的定义,一个词项的含义是它与其他词项的经验关系,所以一个概念的含义可以看作它与其他概念的经验关系,主要表现在与此概念相关联的信念中。

在这里,必须把这种概念间的相对定义与循环定义区分开来。概念通过相互关系获得其(部分)含义,这在自然语言中非常常见(如"大"与"小"、"运动"与"静止")。这和概念相互定义所造成的无限循环有根本的不同。不是先有了"大"的含义,然后用它来定义"小",而是用二者的关系同时贡献于它们的含义。

根据概念关系确定其含义不是个新想法,而其常见的一个反对意见是,认为这个办法无法在实际中使用。从理论上看,每个事物都可以和其他事物发生关系,所以要明确一个概念的含义,就必须提到其他所有概念,这在理论上是不可取的,实际上也是不可能的。幸运的是,在纳思中,这个问题自然而然地被知识-资源限制解决了。尽管原则上任何两个概念间都可以有某种关系(甚至"没有已知的关系"也可以被看作一种关系),但实际上系统只会考虑当前知道的那些。因此,一个概念在系统中的含义是由其经历过的任务和信念所定义的,而并非穷尽其全部的潜在可能联系。当系统得到新任务或忘记旧任务时,相关概念的含义就会发生变化。

同理,当一个概念被用来处理一个任务时,由于资源限制,只有其中的部分信念会被用到。对于一个概念来说,它的"当前含义"可能会根据其中任务和信念的多样性而在不同情况下发生变化。如果一个概念是由复合词项命名的,那么它与各成分词项的关系是定义其含义的关系之一,但这些"字面含义"并不能完全决定复合词项作为一个整体与经验中的其他词的语义关系。多数情况下,这样一个概念的含义最初就是其字面含义,但随着经验的增加,会逐渐演变,以至于和字面含义基本无关。

纳思中的概念模型与人工智能和认知科学中的其他概念模型的最大不同之一,就是解释了概念含义的变化这个常见现象。与把这种变化归因于随机因素以至于量子效应的方案不同,在纳思中这种变化完全不是任意的,而是经验变化导致信念变化,这也同时意味着相关概念的含义变化。这种变化还可以进一步大略分成两类:其一,情境变化(短期经验)会导致信念优先级调整,从而使得概念的某些联系主导其当前含义,这种变化是可逆的,也可以随情境的重复而重复;其二,历史发展(长期经验)会导致信念更新,从而使得概念间联系发生改变,这种变化是不可逆的,也不会完全重复。

在适当的环境下,一个概念可能会形成一个相对稳定的"核心含义",它由少量的高优先级的信念组成,对大多数情况都有用。我们常常将其称为概念的"本质"。由于这个核心的存在,每次使用这个概念时含义都是相似的(虽然不会完全相同),任务处理也趋于高效。相反,一个概念也可能只包含松散、杂乱的信念,以至于难以说清"到底是什么意思"或"应用的边界在哪里"。显然,这种概念很难有用。当然,这个差异是程度问题,不过即使如此,这种"质量"之间的差别还是会表现在使用效果之中的,也是纳思中影响概念优先级的因素之一。

概念间的竞争

如3.5节中所介绍的,在纳思的运行周期中每次要选一个概念,然后在其中做推理。这就意味着概念间会有资源竞争,而概念优先级就是资源分配的依据。

在人工智能研究中的一种做法是通过遍历所有的概念组合来生成候选概念,然后根据某种标准来创建新概念。纳思不采取这种做法,仍是因为系统既没有足够的知识(来准确识别"好"概念),也没有足够的资源(来穷尽所有可能的复合词项)。纳思在推理过程中不断地生成新的概念,以便提高总结经验的(时空)效率。概念生成是经验驱动的,即只有当一个新词项简化了经验表示时才会建立相应的新概念。比如,系统在街上看到了绿色的灯,就会生成"绿灯"这个概念。至于这个概念是否具有长期保留价值,则要根据系统后来的经验来决定。"绿灯"这个经验对象会由于被用作交通信号而经常出现,这就逐渐强化了相应的概念,而"蓝灯"则不会,尽管作为一个复合词项仍是系统可以理解和使用的。

概念的质量是程度问题,其期望属性与4.4节中给出的对信念的期望属性类似:

- **正确性**：概念应该准确代表经验中常见的成分或模式。
- **指导性**：概念应有助于处理各种任务。
- **简洁性**：概念应有相对简单和稳定的意义。

根据3.3节所介绍的"继承"关系，纳思中的概念依据其概括程度构成一个体系，在其中越往上层走，外延越大而内涵越小。某些居于中层的概念对应于心理学所谓的"基本概念"，即外延和内涵相对平衡，以此成为经验概念化的恰当选择。与心理学有这种共识并不奇怪，因为各种智能系统会有类似的需求，尽管哪些概念会满足这些要求会随着系统经验不同而不同。这也说明一个人工智能系统的基本概念和人类的未必一样。

基于概念的表示

纳思使用基于概念的知识表示，即使感知运动信号也会被逐渐整合成概念及其关系。这和传统的符号表示不同，不需要通过解释为词项赋予语义。

一个概念可以将有类似性质的对象统一用一个标识符来表示，这对于智能系统来说是非常必要的。因为即使对当前情境的准确描述与历史上的任何事情都不相吻合，但部分的和近似的描述总能把当前的情境与以前的经验联系起来。在一个智能系统中，"概念化"就是将系统过去的经验应用于当前的情况，以决定系统应该做什么来实现其目标的过程。通过将不同的对象看作同类，系统不但得以将老经验用于新情况，而且减少了处理开销。这当然也带来了问题。因为系统是用已有的概念整合新经验，系统中的偏见和定式会影响观察，尽管这些问题同时会被观察所矫正,如同皮亚杰所描述的"同化-顺应"过程。

即使是对同一个输入,纳思也可以从描述的粒度和范围(二者通常是成反比的)、重点关注的方面、情感基调、相关反应等方面对情况进行不同的感知。没有客观的方式来决定一个最佳的感知和理解方式,而多重理解是比强行"消除歧义"更恰当的。实际感知过程是受多个因素影响的,包括主导目标、系统对类似情况的经验等。由于这些因素的变化,即使同一情境再次发生,形成的概念也未必相同。

在不同的概念层次上描述事物的能力,使系统能够在不同的尺度和范围内将其与过去相匹配,以达到不同的目的。这种对知觉的理解与那些坚持用固定词汇来描述情境的表示框架有着本质的不同,比如把它看作多维空间中的一个点或一台图灵机。在这些理论中,"感知"基本上是一种选择,即从预定的候选列表中选择一个答案。在纳思中,概念感知是一个建构的过程,内部表征常常是预料之外的。

概念描述的另一个优点是所有思维对象(包括感知、运动、语词)均可概念化,以至于仅通过互相联系就可获得意义的内部"想法"。通过对这些概念进行各种复合建构,记忆成为一个有内部层次的概念体系,其通用性是平面化的表示框架所不可比拟的。

从概念表示的角度来看,"感知"和"认知"并没有太大的区别,尽管前者的输入材料更接近于感知运动界面,而后者的输入材料更接近于语言界面。不管是什么材料,对它们的处理方式都遵循同样的原则,即有选择地集中注意于部分信息上,以便把它们看作系统已经知道的东西。换句话说,系统通过重组自己的信念和概念,不断尝试发明一种"理论"来解释经验或环境。之所以称其为"理论",是因为由此产生的信念和概念被组织在一起,形成了一个紧凑的结构,这个结构比经验更具一般性,不但可以通过提供其中事件之间的关系来解释经验,也可以预测未来的事件。

概念化的知识表示为目标和行动之间的联系提供了更大的灵活性。与人类智能相比,动物智能的局限性很大程度上是体现在概念建构的可能性上。在先天本能方面,动物绝不弱于人类,而且很多动物有一定程度的推理能力,比如说条件反射的形成就对应于归纳,而对象识别对应于归因。如果把3.4节中提到的建构和解构规则从纳思中移除,并限制派生任务的生成,很可能得到类似于动物智能的模型。在这样的模型中,学习仍然存在,但仅限于在先天的概念间建立或修改联系,而不会产生新概念。人类与动物的其他差异,如使用语言和工具,都是以新概念生成为前提的。

4.6 本章小结

和本能系统一切由先天因素决定的情形不同,一个智能系统的先天因素只决定系统的初始状态和变化所遵循的基本规律。系统中的目标、行动和知识主要都是系统经验在先天因素制约下建构的结果。

这个建构过程是系统适应性的具体体现,也可以被表述为从经验中学习。不同于目前机器学习研究的基本预设,这个建构过程既不遵循一个确定的"学习算法",也不收敛于一个"最优解",而是由多个不断变化的动机推动的自组织过程,其目的是提高系统整体上的知识、资源使用效率。在此原则指导下的纳思系统在运行中表现出很多与人类相似的特点,尽管在细节上和人类非常不同。

第5章
经验与行为

前面两章分别介绍了以纳思为示例的智能系统的内部静态和动态特征,而本章的关注点则转移至智能系统和外部环境的关系。如1.3节所述,在本书中一个信息系统的"经验"是指系统的"输入",而其"行为"是指系统的"输出",二者都是从这个系统的角度看其与环境之间的相互作用。

5.1 感知运动机制

经验和行为可以抽象描述

在前面两章中,纳思的经验和行为分别被描述为输入和输出的纳思语句流,其中每个语句被系统当作一个任务。就像信息系统的所有描述那样,这种描述也是对实际过程在一定层面上的抽象。在这种抽象中,有两个方面被省略了:

• 像纳思这样的系统与环境之间的相互作用,总是可以在更具体的层次上用物理学、化学或生物学的语言来描述。

• 输入的信息通常最初并不是以纳思语句的形式提供给系统的,而是通过系统的某些行为转换为这种形式的,而输出则是相反的转换。负责这种转换的机制是系统的感知运动机制。

前几章所描述的纳思似乎很容易成为对"符号主义人工智能"传统批评的对象。因为没有提到感觉运动机制,这样的系统常被看作无"体"可"附"的"出窍之魂"。其实这些批评弄错了真正的问题。一般而言,每一个实际系统(纸上谈兵的除外)都有一个"躯体",包括各种机电设备("硬件")、生物器官("湿件")或其他形式的承载实体,而且这个实体与环境之间一定是有相互作用的,其过程可以用物理学、化学、生物学或其他理论的语言来描述。符号主义系统的问题不是它们没有躯体或不与环境打交道,而是这种系统的行为在很大程度上独立于系统的经验,且不受躯体的影响,所以说在描述这种系统时,躯体和经验可以完全被省略。

纳思不是符号主义的(尽管其中有符号),这主要是由于其基于经验的语义(如3.3节所述)。在纳思中,词项的含义和信念的真值是取决于系统经验的。之所以在前面几章中没有提到躯体和感觉运动机制,是因为就讨论到的问题而言,系统的经验和行为可以抽象地描述为纳思语句流,这样就省略了实际完成交互的设备和过程。但这并不意味着这些设备和过程不存在或不能被描述。比如,纳思的输入设备可以是键盘,也可以是网络接口,但对很多讨论而言,二者在系统经验中的差别完全可以不提。

认知科学中"具身认知"的观点正确地指出了符号主义系统与现实世界脱节的问题,但也有走向另一个极端的倾向。比如,认为只有机器人才能与环境互动,而靠网络连接则做不到这一点。有人甚至以此为由认为,计算机既然没有人类躯体,也就不可能和人一样有智能。我完全同意,智能系统的思想和行动应该基于其经验。把"经验"限定为(直接来自自身感官而非系统间通信的)"感知经验"或"人类经验",则是我不能苟同的。

躯体、器官、工具

纳思作为一个抽象模型,在计算机系统中有两种基本实现方式:

- 单纯地按第3章的描述实现纳思本身。这样得到的系统从外部功能来说就是个"问答系统"或者说"咨询系统",其输入输出只包括"判断"和"问题"两类语句。

- 在上述系统的基础上让纳思控制某些设备,即把控制该设备的一些命令以纳思操作的形式注册于纳思和这个设备间的一个信息通道之中。纳思可以用有关"输出命令"控制该设备的活动,并以"输入判断"的形式接收操作结果。

后面一种实现方式为"纳思加"("NARS+"),可以被理解为"纳思加工具"或者"纳思加感知运动器官"。在这种实现方式中的"纳思"部分都大同小异,但"加"的部分则可能截然不同,因为纳思可以使用各种各样的工具或器官。在某些情况下甚至可以把这些附加部分看作一个"宿主",而将纳思看作这个大系统的一部分。具体例子包括用纳思作为一个机器人的"头脑"或者一个"智能操作系统"的核心。在这些情况下,其他硬件、软件都可以统一被看作纳思所使用的工具,但它们并不是纳思的一部分。考虑到中文的构词习惯,也可以用"纳思加"来强调,这里所指的是纳思的一个具体(计算机或机器人)实现,而非一个抽象模型。为了行文简单,下面提到"纳思"之处,往往也可能是指"纳思体",尽管不涉及特定的感知运动装置。

上述两类系统均完全满足第2章中给出的智能的工作定义。显然,"纳思加"解决实际问题的能力会远超于单纯的"纳思",但在一定的程度上专门化了。在一个"纳思加"中,系统与环境的交互不再受限于纳思语,而是可以包括许多其他更为直接的形式,而这些形式可以和纳思语之间进行转换。

当纳思在一个宿主系统中实现时,只要将宿主的应用编程接口转换成纳思操作所要求的格式,就可将它们作为纳思操作来使用。不同的宿主自然会有不同的操作,如纳思可以被用来控制双足机器人,也可以被用来控制四轮机器人,尽管二者的操作集非常不同。这种接口也可以处于不同的抽象层次。比如,直接将纳思和某种通用机器人操作系统相连,这样纳思只发送"前进""右转"之类的任务,而不管最终完成这些任务的是腿还是轮子。

纳思的感知运动通道既可以在设计阶段"先天"植入,也可以在运行过程中"后天"设立及撤除。不论通道从何而来,纳思都需要具有相关的知识才能有效地使用其中的操作。如3.3节所提到的,这类知识包括每个操作的使用前提和执行后果,以及各操作之间的替代关系等。这些知识对"先天"通道来说可以部分地预置于系统之中,而对"后天"通道来说就要完全从经验中习得了。

在一般意义下,"工具"可以是系统环境中的任何部分。借助于不同的工具,系统的同一个动作(如按下一个按钮)可以产生非常不同的后果(取决于这个按钮在哪里)。在概念上,我们可以把工具看作系统身体的一个临时部分,而工具使用则是智能系统扩展其简单操作集的一种替代方式,因为"有工具的系统"往往会做一些同一系统原本(不借助工具)不可能做的事情。既然可能的工具类型是无限的,那么一个基本操作集有限的智能系统仍然可以拥有无限的潜在操作范围。

对工具的这种理解对人工智能系统的设计有重要的实际意义。纳思的设计只包括智能所需的元能力,而几乎没有内置任何实际应用的能力。当系统应用于某一实际领域时,不仅需要学习特定领域的知识,还需要学习特定领域的技能。一些知识和技能可以嵌入到专用的硬件或软件中,而被纳思作为工具使用。这样一来,纳思的"通用"是体现其与自身领域无关的学习潜力的,而不是说它天生就能够解决所有问题。从理论和工程的角度来看,这种"智能核心外加工具"的架构比"专用模块集成"的架构具有更高的协调性和扩展性。

感知过程

和其他人工智能技术相比,纳思对感知的处理有三个主要特征:

- **主动性**,即把感知看成一种操作。
- **统一性**,即感知同样由推理完成。
- **主观性**,即感知结果依赖于系统。

在将人类认知与计算机相比较时,一个普遍的看法是把感知比作接收输入,而把行动比作生成输出,二者分别处于一个解决问题过程的始点和终点。尽管对感知的这种观点有简单、直观的优点,但它把感知作为一个"被动接收"的过程,这一点在认知科学近期的研究中正在受到越来越多的挑战。一些研究者明确指出,应当把知觉当作行动来看。根据这种观点,感知不是被动接收环境提供的信息,而是在探索环境时主动收获信息。

这正是在纳思的设计中所持的立场,即用"操作"涵盖系统与环境的各种相互作用,包括感觉和知觉。在纳思中,操作的结果部分地表现为系统获得的新任务,包括由传感器提供的信号及其时空关系。纳思在配备不同传感器时会具有不同的感知觉,而纳思设计是独立于具体的感知运动设备的。当一个传感器被接入到纳思之后,系统会学着使用它,即通过发出它所特有的命令来获取新任务,并在此过程中学习其使用的前提条件和所能获得的感知觉知识。

作为智能的一般理论,在本书中不预设智能系统的感觉通道的性质、范围和分辨率,尤其是不要求它们必须类似于人和动物的感觉器官。比如,虽然视觉对人类智能非常重要,但我们仍可以想象不靠视觉而主要依靠其他感觉的智能系统。即使一个纳思有视觉,其辨识范围也未必和人眼相同。因此,纳思可以使用不同的设备获得视觉。

感觉经验的加工可以被粗略地分为两个阶段。在第一个阶段,可识别的信号被转化为系统内部的表征,这通常被称为"感觉";在第二个阶段,信号的内部表征被重新组织,并与记忆中现有的内容相联系,这通常被称为"知觉"。任何对感觉过程的详细描述都必须涉及其中的物理学、化学或生物学过程,而不能完全抽象成信息加工。与此相反,知觉过程则可以有效地作为信息加工来描述,因此是下面讨论的重点。

一个纳思可能有多个感知运动通道,每个通道可以识别某种类型的信号(光、声、力等)。在每个通道中,可直接识别的信号由其中的感受器决定。每当系统在该通道中执行一个"观察"操作时,感受器的输出被表示成一个词项。如果这个通道管理着多个同类感受器,则一次观察得到的就是相应信号的一个空间模式。这在纳思中被称作一个"感觉词项",可以用一个数组表示,其中的下标表示各感受器的相对位置。这个数组可以是二维的,甚至是三维的。

对感觉词项可以直接进行下列推理:
- 由于一个感觉词项对应一组感觉事件的逻辑合取(同时发生),

所以从该词项到代表其局部的感觉词项之间可以建立蕴涵和等价陈述。

- 通过比较两个感觉词项的重合程度，可以在它们之间建立继承和相似陈述。
- 两个感觉词项的合取、析取、否定可以通过对数组中的每个元素的相应运算来定义，以实现对模式的剪裁等操作。

在空间模式的基础上，多次观察操作的结果形成感觉词项在时间轴上的逻辑合取（相继发生），即某种时间模式。对这些模式以及相应的感受器操作的（时序）归纳将使系统得到基本的过程性知识。比如，"在模式A出现后执行操作B将导致模式C出现"。

在通道内部生成复合词项及相应任务之后，在纳思的全局缓冲区中，类似的推理活动将产生跨通道的复合词项，以表达更为复杂的知觉。比如，对一只猫的知觉可能包括视觉、听觉、触觉经验的组合。当对应这个知觉的词项和对应"猫"这个概念的词项构成了一个继承判断，那么对一只猫的识别就发生了。和其他判断一样，这个判断的真值也由已有证据决定，并且不断被新证据修改。

由于资源限制的存在，纳思在感知过程中不会穷举所有可能的时空模式，而是从实际感受到的那些模式出发，试图构建复合词项来更有效地总结经验。绝大部分模式会在资源竞争中被淘汰（遗忘），而那些被长期记住的需要满足下列条件：

- 相对简单。
- 反复出现。
- 有助于任务处理。

一些稳定的模式将被系统视为环境中的"对象",而对新经验的识别在很大程度上受已有概念的影响。也就是说,系统倾向于按照已有的概念对新经验进行切割和分离,而只在难以这样做的时候才使用新概念。这又是皮亚杰所说的"同化"与"顺应"之间的平衡。

和纳思中的其他词项一样,一个感觉词项的含义是由它与其他词项的经验关系决定的,包括那些直接对应可识别信号的词项(如光的强度)。感觉词项也可以像其他词项一样参与推理。和某些常见的观点不同,纳思并无相互分离的"形象思维"和"抽象思维",二者的差异只体现在所用词项的"形象/抽象"程度。这就是纳思感知的"统一性"之所在,即认为"感知的逻辑"和"认知的逻辑"基本上是一样的。

一个智能系统需要学习什么时候可以执行一个动作,以及它将产生什么效果。这种学习通常是通过感知运动反馈环路来实现的:当一个动作被执行时,其观察到的效果和预期的效果进行比较,从而修正系统对该动作的信念。而系统的感知能力通常取决于运动能力,因为许多观察需要执行某些动作。因此,感觉运动应该被视为同一种机制,有感觉方面和运动方面,而不是彼此独立的两种过程。

躯体和思想

纳思感知的主观性体现在若干方面。比如,纳思的设计与系统可能拥有的经验无关,所以从系统的潜力来看,该系统确实是"通用"的。但由于纳思的信念和概念都是从经验中获得的,所以从解决问题的能力来看,系统往往会成长为某些领域的专家而非所有领域的专家。这两种描述是关于系统的不同层次(元级和对象级),所以彼此并不矛盾。

由于纳思的每个具体实现（下面有时会称其为"纳思体"，以便和作为其共同理论模型的纳思相区别）可以有不同的参数（如3.5节所描述的），每个纳思体都会有不同的"个性"，很难说哪一个比其他的更好。结果就是，即使经验完全相同，不同的纳思体也会在知识和目标中或多或少地存在差异。如果加上不同的感知运动通道，纳思体间的差异就更显著了。比如，在靠电子眼观察的和靠声呐观察的纳思体之间，在靠腿移动的和靠翅膀移动的纳思体之间，对环境的感知显然是不同的。如果多个纳思体具有不兼容的感觉运动机制，即使将这些系统放到同一个物理世界中，它们中的每一个也都会形成自己的"世界观"，而其中没有哪一个会比其他的更正确或更真实。将来人工智能对人类观念的一个冲击，就是让我们看到这个世界还可以用一套我们不熟悉的概念来有效地进行描述。

因此，强调认知的"设身处地"(embodied and situated)性质是正确的；但是，如果说这只能由拟人的感觉运动机制来实现则是错误的，因为智能系统的体验不应该仅限于人的体验。同理，由于人工智能系统不会有和人类完全相同的身体和经验，所以它们的信念和概念也不会与典型的人类完全相同。这并非说明计算机系统不可能真有智能，而是说明靠"与人类的思想或行为的相似程度"来定义智能水平是不恰当的。如第2章所解释的，人工智能和人类智能的相似性应该在"经验与思想、行为的关系"中去找。

除此之外，纳思感知的主观性还表现在，这一过程的目的不是在系统内"模拟环境"或"认识世界的本来面目"，而是"整理经验以更有效地实现目标"。这就和以马尔为代表的研究规范具有根本差别。具体而言,在纳思中的感知过程高度依赖系统的当前任务和已有概念,因此其结果总是从"此人、此时、此地"的视角来看的,而非出于某种"客观的上帝视角"。因此,视觉的典型任务就不是对环境的三维重建,而是手眼协调。对其他一些相关问题(如"幻觉"的定义,"虚拟环境"与"真实环境"的区分等),这种立场也会导致和流行观点非常不同的结论。

5.2 自我认识和自我控制

内部环境

信息系统的"环境"既包括外部的也包括内部的,而智能系统可以根据自身的认知和思考结果采取某些行动,以改变自己的内部状态从而达到一定的目标。人类的自我认识和自我控制一直是心理学的重要研究对象,也是很多人认为人工智能永远不可能拥有的能力。我认为这个问题不像很多人说的那么神秘,尽管的确比较复杂。从逻辑的角度看,在外部环境和内部环境中表示、解释和处理所涉及的对象在形式上没有根本的区别。而这些对象的内容在这两个环境中却是非常不同的。

如上一节所介绍的,纳思将其外部经验抽象成一个任务流,从中整理出概念和知识,并在目标的引导下采取行动。系统对内部经验的处理是完全平行的。也就是说,这里的"经验"仅包括系统内那些能够进入推理活动的对象和事件,而不包括像机器代码执行过程这样的内部事件,更不必提像电流、热量这些物理对象了。当然,如果一个由纳思控制的机器人需要控制其能耗或体温,那么它可以装备特定的感受器使这些对象成为其经验的一部分,并据此控制相关的行为,如"充电"或"降温"。在"躯体感觉"这方面,所需的处理和前面讨论的外部经验没有太大差别,就不再详细讨论了。

　　内部经验的特殊性在于"心理感受",即报告和记录系统自身的感知和推理活动。比如,当纳思识别到一只猫时(判断A),可以生成"我看到一只猫"这个结论(判断B)。这里A和B是不同的,因为B的内容包括了A作为其成分,而且二者的用法也不完全相同,尽管它们当然是密切相联的。类似地,当系统以判断P和Q为前提推出判断R后,也可以生成"R是以P为部分前提的"(判断S)。

　　和感知运动经验不同,上述心理经验是直接呈现于概念层之上的。也就是说,B会直接进入系统经验,而不像A那样是视觉中多重抽象的结果。甚至可以说,心理经验直接就是"知觉",而没有"感觉"作为先导。这种经验也有"感官",但其作用不是将物理学、化学等层面上的信号抽象化,而是对系统内的大量抽象信号进行选择和组织,并确定哪些值得以高阶判断的形式进入系统经验。这当然不是说这些心理经验没有物理(生理)基础,而是说系统经验中不包括对相应的物理事件的描述。

　　心理知觉的选择性是必要的,因为在资源的限制下,系统不会为感受到的每个对象X生成一个"我感到了X"的高阶判断(尽管这个判断是正确的),更不必说"我感到了'我感到了X'"这样的判断了(尽管这个判断也是正确的)。而在回答"你感到了什么?"这样的问题时,说"我感到了X"比仅仅答"X"似乎更恰当,更不必提"谁感到了X?"这样的问题了。

除了回答"你感到了什么?""你在想什么?""你为什么会有这个想法?"这类问题之外,内部经验的更主要功能是自我控制。

在心理学中很多理论都将心理过程分为两类,如"受控/自动""有意识/无意识"等。尽管区分的细节各有不同,但其关键点仍是该过程自身是不是思维对象。在纳思中,这个区分也存在。

在3.5节介绍的控制机制已经使得纳思可以完全"自动地"处理任务。在这种状态下,系统的基本推理步骤是先天预制的,而任务处理过程是完全通过资源分配(注意力分配)将这些步骤组织起来形成的,并不须将系统的历史和现状作为考虑对象,尽管系统的知识是其经历的积淀,而注意力分配受现状影响。

这种"自由联想"式的思维方式简单、灵活,但不能有效地解决复杂的问题。在我们的思维活动中,自我控制的作用是相当显著的。在这种方式中,系统根据对自身知识和资源的认识来规划任务的处理过程,并监控规划的实施情况,以便对预估中的失误和情况的变化做出调整,包括调整自身的任务处理策略。

我在第2章中给出的定义并不要求所有智能系统都必须能够进行自我认识和自我控制,但具有这种功能的系统会有更强的适应能力,也就是更高的智能。

心理知觉和操作

如前所述,纳思的物理、化学等感知运动通道不是系统固有的一部分,而是以"插件"的方式根据系统的实际用途被构建的,因此不同的"纳思加"会有不同的通道设置。与此不同,心理感知运动机制与使用领域基本无关,因此可以被看作"高配置纳思"的一部分。

具体说来,纳思的自我知觉包括下面的内容:

• 输入输出通道中的显著(高优先级)任务,包括感知到的对象、接受的任务等。

• 系统缓冲区中的显著(高优先级)任务,包括推导出的结论、目标等。

• 记忆中的活跃(高优先级)概念,包括正在考虑的想法、关注的对象等。

对这些内容的记忆就构成了系统的"意识流"或者说"心灵史"。这里的"高优先级"都是相对其他可能被觉察到的对象而言的。如弗洛伊德(Sigmund Freud)等心理学家所指出的,被意识到的心理活动只是人类思维活动的很小部分,而这个结论对纳思同样适用。可以说,纳思的"有意识思维"和"下意识思维"基本遵循同样的逻辑,只是前者获得的计算资源相对更多,而且在成为高阶判断之后介入的推理更复杂了而已。在很多情况下,一个概念或任务是否"被意识到了"是一个程度问题,而且这个程度会不断变化。与关于外部环境的知识一样,系统关于自身的知识也是主观的,含有各种不确定性,而且随时间被发展和调整。

与自我知觉相对应,自我控制也是直接发生在(抽象的)概念层面,而不涉及(具体的)物理事件,尽管其中的抽象操作必定是通过一系列物理事件来完成的。这些抽象操作使得系统可以直接用推理活动在一定程度上控制推理活动自身。

从计算机实现的角度看，系统的推理规则、记忆管理、任务选择、知识选择、任务生成、输入输出等基本活动都可以统一表示成操作，而每个操作都有两种触发机制：

• **自动触发**，即把第3章所描述的系统工作周期实现为一个操作触发过程。比如，每个通道中的"观察"操作会以某种频率向全局缓冲区输送观察结果，记忆会以不同的频率激活其中的概念，而概念在激活后会选择任务和知识进行推理，等等。这种触发不是系统推理活动的结果。

• **受控触发**，即使得该操作成为过程性知识的一部分，因此在前提条件满足以后会被决策规则直接创建成一个即刻生效的目标，而无须等待其优先级积累到足以得到注意。这种触发是系统推理活动的结果。

这两种机制是相辅相成的。在知识和资源不足的情况下，智能系统不可能像计算系统那样时刻都明确地知道下一步应该做什么，而穷举所有可能性或随机选择操作又都不能算"适应性行为"。纳思一方面可以将历史经验转换为资源分配策略，以应对解决"不知所措"的情境，而另一方面又允许系统遵循一个特定的程序（复合操作、过程性知识等）来解决那些熟悉的问题。如4.3节中所解释的，这种受控操作仍可以被看作操作的自组织，而不同于系统修改自己的源程序。这种自我控制的范围是有限的（比如，不能修改像推理规则和控制策略这类的元知识，虽然可以使用某些策略在一定程度上绕开它们），而且不能保证一定产生预想的后果。

情感

传统观点认为"理智"和"情感"是对立的,而"感情用事"是非理性的,在现有的理性模型中也没有情感的位置。但近年来,在对人类认知活动的研究中,情感的作用被越来越多的研究者认为是不可或缺的。这些作用集中体现在"自我控制"和"人际交流"两个方面。

有些情感体现着对系统自身状况的评价,比如(正面的)愉悦、得意和(负面的)悲痛、悔恨;另一些情感则体现着对外界对象的评价,比如(正面的)喜爱、亲切和(负面的)痛恨、厌恶。不同的情感会引发不同的应对策略,比如同为负面情感,愤怒会令人欲战,而恐惧则会令人欲逃。与通过深思熟虑才采用的行动相比,情绪化反应有直接、快速的特点,尽管常常失之粗疏草率。

由于很多人类情感伴有面部表情和躯体反应,它们也因此在人际交流过程中发挥着语言所难以企及的作用。其中包括基于对他人情感的识别来决定自己的应对方式(察言观色),以及通过情感表达来影响他人的行为(动之以情)。

上述对情感的功能描述并不涉及情感的生理基础。这也就是说,原则上,在计算机系统中也可能有类似的需求以及实现类似功能的机制。这就是目前人工智能中相关工作的出发点。近年来兴起的"情感计算"就是试图在人机交互过程中包括情感成分,以便更好地服务于用户。在和人交流的过程中,这种系统会识别用户的情感状态,并采取相应的行为,包括模拟人类的情感表达。通用人工智能中的情感研究则基本是在另一个方向上。这里的主要目标不是让计算机看起来像是懂得或拥有人类情感,而是让它们真的有自己的情感,即主要以这一机制满足系统自身的需求。

在"知识和资源相对不足"的预设下,纳思常常需要对当前情境和涉及的对象进行快速评价,以便做出相应的反应。这类评价是从系统自身出发的很多细节评价的全局性总结。在纳思里,这类评价包括:

- **满意度**:当前现实和系统目标的接近程度,体现了系统适应行为的成功水平。
- **新异度**:近期新知识和已有知识的一致程度,体现了知识的相对充足水平。
- **繁忙度**:近期任务的平均优先级,体现了资源的相对充足水平。
- **健康度**:近期操作的平均完成程度,体现了系统躯体和工具的正常水平。

这一组评价构成了系统情感的基础。这些因素和其他因素(相关事件的时态、可能性、责任主体、后果承受者等)相结合,就构成了形形色色的情绪。比如,"恐惧"往往对应一件将要发生而系统目前还没有解决方案的"坏事"。

在此基础之上,系统中的概念及其对应的事物也都会被沾染上各种情感色彩(也可以称为"好恶"值),主要反映了它们和系统总体评价的相关性。如果系统和一个对象打交道时常常感到高兴,尽管该对象和系统状态可能其实并无因果关系,但系统仍会给它一个正面的评价(如"爱屋及乌"),反之则是负面的评价(如"迁怒")。就好比如果我每次碰到某人都会伴随着某种不愉快的体验,我就会对此人产生某种负面情感(如警惕),这也不能说是毫无来由的。当然,很多事物可能从未被赋予任何此类感情色彩,也有些事物处于让人"爱恨交织"的状况。

在系统没有足够的知识或时间对各个事物进行细致的针对性处理的情况下,仅依靠它们的"感情色彩"决定应对往往不失为一种有效的便捷策略。在目前的纳思中,情感因素的影响主要体现在下列方面:

- 带有较强烈情感色彩的概念和任务会得到更多的资源。
- 在目标之间发生冲突时,情感评价会成为选择的重要根据。
- 带有强烈情感的任务更容易触发系统的外部行动。
- 在不同的"心情"下,系统分配给新任务的注意力不同。

当然,上述描述仅仅触及了情感机制的简单形式,但无论如何,这种机制在纳思中发挥的功能和情感在人类认知活动中发挥的功能接近,尽管二者的具体形式和表现细节有很大差异。

自我意识和自由意志

与纳思中的所有概念一样,"我"或"自我"的含义是由系统的相关经验决定的。与其他概念不同的是,这个代表系统自身的概念先天地与系统可执行的每个操作相联系,因为从逻辑的观点看,每个操作都在系统和相关对象间建立了一种短时关系。因此,"自我"在开始时是由"我所能做的"定义的,然后在此基础上逐渐发展出其他属性和关系。

自我与他人的区别是系统在与环境的互动中学习到的。在这里,真正重要的不是物理上的接近性和连接性,而是可达性和可控性。对于人工系统来说,情况尤其如此。由于它们不是生物的,因此,被认为是"一个系统"的东西,未必是从同一源头生长出来的,而是可以协调一致地实现目标。一个系统的"自我"可以在空间上分布在许多地方,同时仍然保持其概念的完整性。这就是说,"我"的范围并不拘泥于一个物理的身体,而是系统所能达到和管理的范围。这也是为什么人们会觉得一个常用的工具(如眼镜)比一个不听指挥的器官(如麻木的腿)更像是"自己"的一部分。

自我意识受限于心理操作的范围,因此无法觉察到系统内部发生的所有事件。即使对于可觉察到的那些事件,系统通常也没有资源去记录其完整的来龙去脉。当在不同的行为之间进行选择时,系统能觉察到它们的可预见后果及其满意程度,并以此作为选择的依据。因此,从系统的观点看,自己的确可以自由地在这些行为之间做出选择(否则它们就不算备选方案了)。

但是,如果一个观察者对这个选择者及其环境有足够详细和可靠的了解,并且有更加强大的计算能力,则可能对其选择做出相当精确的预测。对这个观察者而言,这个选择是被一系列相关因素决定的,其中不包括所谓的"自由意志"。这种论据自然有现实依据,比如我们对一个人的了解越多,对其选择的预测就越精确。

类似的分析常常被用来否定自由意志的存在,或者把它说成一种幻觉。我不认可这种结论,因为观察者本身也是有认知局限性的。除非假定有全知全能的观察者,否则把系统或者环境截然分为"确定性的"和"不确定性的"两类是不恰当的。因为"确定"是一个观察者和一个观察对象之间的关系,所以不提观察者而谈某对象是否"确定"是没有意义的。除了特殊情况之外，观察者对观察对象的预测总是既非全对也非全错的。在这种解释下，"自由意志"和"决定论"是从不同视角（第一人称和第三人称）对同一个过程的描述，不存在谁对谁错的问题。当观察对象的复杂程度超出观察者的预测能力时，即使是观察者也不得不引入"自由意志"之类的概念来描述观察对象的选择，尽管这并不意味着其选择过程不可能得到进一步的解释。

只要一个系统能够思考和谈论自己的思维过程，某种形式的"自指"就不可避免。很多时候，某些自指会造成令人迷惑的结果，如"说谎者悖论"所揭示的那样。在纳思中，这些悖论式的陈述无法从系统的经验中获得证据支持，因此它们对系统行为的影响很小。与很多传统系统不同，纳思不坚持每个陈述必须非真即假，因此这类悖论在纳思中的存在不会造成什么麻烦，只要系统不花太多时间去思考它们就好。

由于纳思使用两套不同的概念来描述其外部经验和内部经验，当一个描述同时用到这两种概念时，就会遇到"身心问题"，即物质和精神的关系问题。传统的"唯物论"和"唯心论"分别认为其中一方的存在是基本的，另一方是派生的；而"二元论"认为二者平行存在，而且相互作用。在当代的认知科学中，很多人在试图解释主观经验是如何在物理世界中产生的，或者神经活动和精神活动之间是如何发生因果关系的。

当纳思由于想法A采取了行动B，然后看到外显后果C的时候，A是用心理语言描述的，C是用物理语言描述的，而它们之间的关系被描述为"A是C的原因"。有些人把它看作"精神变物质"，而外界事件引发的心理活动则被称为"物质变精神"。但这种跨层次的因果关系所造成的"解释鸿沟",可以更自然地被归因于,两种不可直接互译的语言被分别用来描述这两个被联系的事件。所谓"物理事件"和"心理事件"是对同一基本过程的两种描述。这不等于传统的二元论,因为这里没有两类不同的存在物;这也不是传统的一元论或还原论,因为没有哪一方面更为"基本"。现在科学界的主流意见仍以为对认知现象的神经语言描述比心理语言描述更为"真实",而后者只是前者的近似描述,这是不恰当的。

由于"物理语言"和"心理语言"来自不同的感觉运动机制,所以二者都不能"如实"描述物质和过程。相反,它们各自都是在当前目标和信念的影响下,通过现有操作所提供的滤镜来看世界。由于语汇不同,这两种语言之间无法精确翻译,不过可以建立一些大致的对应关系。

根据这种观点,所谓"行为与人无异,但心中空无一物"的"行尸走肉"是不可能存在的,因为如果一个系统没有自我意识和自我控制能力,它在很多情况下就不能像正常人一样行事,这些功能的存在与否最终会在行动上表现出来。而主观经验是无法用物理语言完全表达的。即使有一天我们能观察到一个大脑的运行细节,由此得到的客观描述仍然不能与大脑主人的体验等价。但这一结论不能推出"人工智能不可能有自我意识"。子非鱼,安知鱼之乐?我们对其他系统(不论是人还是机器)是否有自我意识的判断只能从功能、行为角度得到,尽管这大概不是某个简单测试就能搞定的。

5.3 通信和语言

通信

一个信息系统的环境通常包括其他信息系统,而这些信息系统间的相互作用与它们和环境的其他部分的相互作用在描述层次上有根本不同。

信息系统间的相互作用常常被称为"通信"。尽管这种过程仍然是由某些基本的物理学、化学或生物学过程来实现的,但把它当作"通信"或"信息传递"来看时,就意味着它可以被抽象描述,而忽略其实现细节。正如1.3节所解释的那样,对一个相互作用过程进行这种描述,意味着我们感兴趣的只是所涉及的两个系统的状态如何相互影响,而非这一过程本身的细节。通信过程通常被描述为一个"发送者"将一些"信息"传递给了一个"接收者"。这些信息以某种"语言"中的语句来表示。

对于发送者和接收者而言,通信一般都是带有目的性的行为。通信的功能类似于工具的使用,因为它使系统能够扩展自身的能力:

- 通过共享其他系统的经验,扩充自身的感知范围。
- 通过获得其他系统的概念和知识,替代自身的思考过程。
- 通过其他系统的合作,得到自身无法实现的结果。

在这个过程中,发送方是希望接收方作为其感受器、处理器、执行器的延伸。接收方会根据自己的目标来处理这些任务,因此结果可能与发送方的期望不同。尽管有这种差异,但双方通常仍会从通信活动中受益,否则这种关系就不会维持下去了。

以纳思为例,其三种任务都可以被发送给其他系统,并各有预期的认知功用:

- 发送一个"判断"(陈述句)的直接预期通常是在接收者心中引起一定的变化。
- 发送一个"问题"(疑问句)的直接预期通常是从接收者那里得到一个答案。
- 发送一个"目标"(祈使句)的直接预期通常是让接收者采取一个行动。

这样一来,纳思的输入和输出的语句类型是相同的。

语言

由于在通信过程中系统的主要目标都在抽象的概念层面上,具体的相互作用过程在很大程度上成为任意的,只需符合双方的约定即可。通信理论里面的编码解码过程对此已经有很详细的研究了。

在智能系统中,情况不完全一样。由于双方的适应性和知识资源约束,信号(符号)和概念(内容)之间的对应关系往往不同,这就使得歧义、误解等现象在很大范围内是不可避免的。

广义来说,任何信息交流的媒介都可以被看作语言,其中的核心要求就是"形式"和"含义"关系的约定性。这就是说,二者间原本没有必然相关性,而只是在某个群体里被稳定地"当作"相关。这个群体可以小到只包括两个系统,而这个相关性也可能仅维持很短时间。在这个约定的范围内,一个双方共享的信号被用来"代表"一个概念。

狭义的"语言"是指这种信号系统的成熟形态,包括词汇集和与其对应的概念集（词义），加上语法系统使得这些词汇可以构成更大的语言单位（词组、语句、段落）。词语的常见用法也可以被看作语言的一部分。

自然语言处理

人工智能在自然语言处理上的探索大致分为两个阶段，前期是"基于规则"，后期是"基于统计"。尽管二者都取得了一定的成功，但也都在关注一个自然语言自身的同时忽视了语言的上述认知功能，以及其中"形"与"义"的关系因时、因地、因人的不同特征。

语言在智能系统中的上述特征直接来自概念的特征。如4.5节中所描述的，概念的含义取决于经验，因此会有选用（短期、可逆的情境相关性）和演化（长期、不可逆的历史相关性）的现象，而且很大程度上受语言使用者的个人经验影响。再加上通信双方在目标和知识上的差异，就造成了语言处理的复杂状况。

当系统有需求并认为可以通过与其他系统的通信来实现时，它首先会选择一种语言来进行这次交流会话，然后决定发送一条消息。当系统接收到信息时，它也会先确定所使用的语言，然后根据自己的目标对信息进行处理，通常包括对发送者预期目标的识别。

纳思的自然语言处理方案和传统方案有若干根本不同：

• 不把语言功能作为一个独立模块，而是将其统一到系统的整体功能之内。具体说来，就是用纳思语表达语言知识，用非公理逻辑完成语言处理。与其他认知功能的差别仅仅在内容上，即所涉及的概念和交流语言密切相关。

- 与传统的"语法到语义再到语用"处理次序不同,在语言理解(输入)和生成(输出)过程中都基本遵循"语用到语义再到语法"的次序,尽管其间有重叠。语用是第一位的,因为信息发送和接收都是为系统目标服务的;语义是处理的核心,负责语言成分和概念的对应;语法处理语言结构和概念结构的对应。

- 语言知识和其他知识一样组织在概念网中。在一个对应于语词的概念中,语法、语义、语用关系是混合在一起的。与传统假设不同,系统有效掌握一种语言时未必有一个乔姆斯基(Avram Noam Chomsky)所描述的那种语法,而是更多依赖于对具体语词的使用知识。

- 纳思容许在语词和其所代表的概念间存在多对多的关系,因此一般不会强行消除歧义。当系统必须在不同的对应关系之间选择时,选择规则会将语言知识、背景知识、当前情景等因素综合起来考虑。

最后一点不适用于纳思语。作为纳思的"心语",纳思语的语法是先天装备在系统中的,因此不需要学习语法知识。语义、语用知识的学习在纳思语和其他语言中是基本一样的。

语言理解

人们一般认为通信的成功标准是接收方理解了发送方的信息。然而,什么是"理解"?很多人认为信息具有某种"本身的含义"。如果接收者能将信息转换为这种形式,就算是理解了。在香农信息论的框架中,信息的意义就是减少接收者心中的不确定性。

根据前面关于通信过程的描述,这种对"理解"的理解对于我们的目的来说是过于粗略的近似，尽管对于其他一些目的来说可能已经足够好了。由于通信对于发送者和接收者来说都是一种目标导向的活动，因此，判断沟通过程是否成功，应该分别看它们是否实现了自己的目标。

对于发送者来说，通信的直接目标是向接收者提出一个任务，由后者以发送者所预期的方式进行处理。在最简单的情况下，发送一个陈述的目标只是将其字面意义所表达的知识添加到接收者的记忆中。然而，很多时候发送者的预期是接收者得到信息字面意义的某些引申结论，甚至一个不完整的句子或一个疑问句都可能被处理成陈述句。因此，从发送者的角度看，要想使发出的信息被接收者正确理解，发送者对接收者的处理过程应该有充分了解，否则就会产生误解。

接收者在通信中的目标常常与发送者的目标不完全吻合。在通常的情况下，接收者只是估计发送者的目标，并据此形成自己的任务。当接收者对自己的估计信心很强时，就会以为对方发出的信息已经被自己按原义理解了。当接收者对发送者的信念与发送者的实际情况不一致时，也会产生误解。

当发送者和接收者足够复杂时，"完美理解"就不再可能，而信息是否"被理解了"就成了一个程度问题。在实时的多轮通信过程中（如对话），有些误解是可以通过后面的通信来识别和纠正的，但如果是单向通信（如广播）或延时通信（如阅读），消除误解就会困难很多。然而，误解并不意味着通信的失败，尤其是从接收者的角度来看。很多时候，接收者通过对接收到的信息进行处理，实现了重要的目标，而这种处理与发送者的预期完全不同。因此，发送者所预期的意义不一定是接收者所获得的意义。

显然,"完全不理解"确实意味着通信的失败。与"误解"不同,在这种情况下接收者未能从收到的信息中实现任何目标。

语言学习

虽然出于许多理论和实用原因,人们都希望一个人工智能系统能够熟练使用一种或多种人类语言,但这并不是一个系统有智能的必要条件,就像拥有类人的感知运动机制并不是智能的必要条件一样。

尽管如此,智能系统应当拥有语言学习能力。如上所述,语言知识中包括语法、语义、语用因素,都是系统可以从经验中习得的。即便纳思语的语法知识是纳思先天就有的,其语义和语用知识的绝大部分也是习得的。我们有理由认为,人类有先天的内部表示语言,其中包括对应感知运动原语的词汇,但这种语言不是用来通信的。即使是人的母语,也主要是习得的。

母语的习得之特殊性在于,这种语言在很大程度上确立了系统的基本概念系统,而后来的"外国语"的学习往往是在已有的概念系统基础上进行的,因此两种学习过程有所不同。纳思的语言学习过程和人类类似,即主要是在使用中学习。计算机和人类婴儿语言学习的不同点在于,前者没有对应于大脑发育的硬件建构过程,或者说这样的一个过程不是必然的。

纳思没有专门的语言学习机制,而是通过学习其他知识时所用的推理过程来学语言。具体说来,词义的习得也始于经验通道中的同时输入之间经归纳和比较所得到的可替代性,然后经实际运用的筛选得到相对稳定的语义关系。和人一样,语言学习也是由易到难,逐渐在不同尺度的语言成分(字、词、句等)上完成的。

和概念学习的一般情形一样,纳思的语言学习和使用是构造性的,但又不是还原性的。这就是说,纳思可以"顾名思义"地根据已有语言成分生成和理解新的复合结构,但同时又可以根据相关经验直接使用一个复合结构,而不是总将其分解成基本成分。这对理解成语、习语等是非常必要的。

由于人工智能系统和人类在经验上的根本差异,我们不应该期望它们能够像人一样使用人类语言,尽管一定程度上的正确使用(理解和生成)是可能的。这里的正确程度主要取决于所涉及的人工智能系统和人类在经验上的重合程度,而不仅仅是机器的智能水平。

5.4 社会化过程

社会化

就目前的讨论而言,一个"社会"是指一组保持相对稳定的通信关系的智能系统。对其中的单个系统来说,这个社会构成了其外部环境的一部分。系统对社会的适应过程通常被称为"社会化",是其适应活动的重要方面。这里我们着重考虑系统和作为一个抽象整体的"社会"之间的通信关系,尽管这个关系当然是在个体间通过具体物理过程完成的。

对于一个智能系统来说,社会化通常是必要的。如果一个智能体要通过与社会中其他系统的合作来更好地实现自己的目标,就必须获得关于"他人"信念、目标和行动的社会知识,从而得以预测通信的效果。它的行为也应该以一种可预测的方式让其他系统得以配合,并有与其合作的动力。

在这个过程中,主要的障碍来自个体差异。由于先天(配置、参数)和后天(经验)的差异,一个社会中的系统之间在知识、目标、行动上必然有差别。当情况足够复杂时,系统无法准确预测其他系统的行为,甚至无法预测自身未来的行为。在这种条件下,社会知识基本上是统计性的,而且有不同程度的可靠性。即便如此,一个系统获得社会知识并循常规行事仍然是有益的,只要这与它追求的其他目标基本一致。

社会化是学习和自组织的重要组成部分。一个人的很多知识来自社会经验,而不是个人的直接经验。社会化使个人经验被规范化,使其能够被他人理解,以至于被记录下来并代代相传。但是,由于社会是个体组成的,每个个体的行为又在不同程度上影响着社会,以上结论对人工智能同样适用。虽然"生活在社会中"并不是"有智能"的前提条件,但是对于高级智能系统来说,社会经验构成了经验的重要部分。如果一个智能系统只从自己的感觉运动机制中获取知识,它的能力将受到很大限制。具体来说,像纳思这样的系统同时可以处于多个社会之中,包括人类社会和人工智能社会,也许还有二者的混合形态。

概念和知识的社会化

语言学习是社会化的一个特例。语言知识中有很大一部分是约定俗成的。在自然语言的演变过程中,字词和概念的对应关系,以及句法结构和概念结构的对应关系,常常具有一定的偶然性。但是一旦某种对应被大多数语言使用者所接受,人们通常就得遵循这个约定才能有效交流。而这个约定也就成了社会观念的一部分。

交际语言不仅能使通信成为可能,还可以提供一个总结了社会共同经验的词汇集合。这些词汇提供了一个世界观或者说本体论,表示了在这个语言的使用者心目中,哪些事物是"存在"的。不同的语言所隐含的本体论是不同的。

正如前几章反复提到的,在智能系统中,一个概念的含义和一个语句的真值从根本上说是主观的,是由个体系统的自身经验决定的。因此,不存在绝对意义上正确的含义或真值。如果考虑到社会化,上述说法仍然成立,但社会观念为"正确"提供了一个相对标准。随着社会经验在一个系统的知识中发挥的作用越来越大,系统拥有的主观概念和知识往往会越来越接近社会提供的客观概念和知识。这里的"客观"是指"从一般人的角度看",而不是"世界的本来面目"。因此,满足这种"客观"的概念和知识仍然受限于社会的认知能力和共同经验,并随着整个社会经验的增加和认知能力的提高而不时调整。

鉴于这种情况,每当个人意见与社会观念之间发生冲突时,一个智能系统并不总是(或总该)遵循后者,而是将所有证据综合考虑。如果个人意见足够坚定且强烈,那么系统就会挑战社会观念。概念和语词的含义也是如此,即如果有足够的理由,可以不遵循当前通行的约定(就像本书在若干处所做的那样)。在这些个人想法和社会观念的较量中,从总体上说双方都有合理性:前者是社会演化的动力,而后者是社会存在的保障。至于每次具体对抗中"造反"和"镇压"哪方会胜利,则取决于双方力量的对比和"时势"。

目标和行动的社会化

一个智能系统的目标和行动也会受到社会化过程的强烈影响。

一组系统要形成一个社会,它们的目标必须在一定程度上是相容的。在交流与合作过程中,有些目标会被鼓励和加强,而另一些目标则会被抑制和削弱,这取决于目标的实现对其他系统的影响。因此,一个系统要想留在社会中,就必须根据其他系统的期望,或多或少地调整自己的目标。

社会化也会给一个系统引入新的目标。为了有效和高效地合作,在一个社会中,每个系统可能需要在社会结构或组织中扮演某种角色并承担相应的责任。因此,系统需要追求的一些目标可能主要来自社会角色的需要,而不是系统的个体需要。在这种情况下,4.2节介绍的目标异化现象可能具有特别的意义。

社会化对行动的影响也是如此。一方面,系统的行动在其前提条件和后果方面受到社会的规范。另一方面,合作和社会组织使许多新的行动成为可能,而这些行动是单个系统所无法完成的。

在社会化过程中,系统学习的知识包括道德和伦理知识以及其他社会技能。因此,系统对自己的目标和行动的信念不再仅仅考虑个人需求和喜好,还必须考虑到社会惯例和容忍范围。

5.5 教育

教育和智能

教育是一种特殊的社会化方式。这种过程为教育对象预先确定部分经验,以在其目标、信念和行动获得预想的结果。它是一种半强制性的社会化,主要是为社会的主导者或整个社会的目的服务。教育是新成员社会化的有效途径,对保持一个社会的内部一致性起重要作用,尽管也往往在一定程度上抑制社会中的创造性。

随着本书所描写的智能计算机系统的诞生,对其进行教育将成为这些系统获得预想功能的必要步骤。现在是时候总结一下纳思的完整开发周期了:

- **心灵设计**:这基本上就是本书第3章中所描述的纳思。这部分系统是用编程语言书写的,并在运行过程中保持不变。除了一组系统参数的值外,这部分设计与应用领域无关。
- **躯体配置**:这属于5.1节所述的感知运动机制。这些操作定义了一个"纳思加"与其环境之间可能的交互形式。这些机制的设置因领域差异而不同,并可以在运行中调整。
- **初始记忆**:当系统的一个生命周期开始时,它的记忆可以仅包括同基本操作有关的概念和知识,也可以包括某些预先装载的内容。这些内容可以被未来经验所修正。
- **教育训练**:在系统生命周期的早期,其部分经验是被设计者或使用者设置或控制的,以此塑造系统的目标(价值观)、行动(技能)和知识(关于世界、社会和自身)当中的核心成分。

- **独立生活**：当系统足够"成熟"后，就会开始直接与自然环境和社会环境相互作用，并完成某些学习和工作任务。

在一定程度上，教育过程和预装记忆是可以互换的。在一个系统接受了适当的教育之后，就可以将它的内存复制到另一个相容的系统中作为初始内存，以节约教育时间。

教育、生活及工作往往以各种方式混合和交织在一起，因此未必有明确的界限，但相对区别仍然是有意义的。

纳思的行为受上述因素的影响是不同的。粗略地讲，它的智能是先天的、固定的、通用的，并且与领域无关；它的目标、行动和知识大多是后天的、可变的、专用的，并且与领域相关。二者之间不能相互替代。即使一个系统在设计上是完全智能的，如果教育不得法，它仍然可能一事无成。而系统智能的先天缺陷通常无法通过教育来弥补。

教育原则

智能系统的教育在很大程度上会遵循人类教育的原则和程序。

对于像纳思这样的系统来说，只是将大量的任务和知识加载到它的记忆中并不是正确的教育方式，因为记忆中并不仅仅包括系统经验中可以直接表达的任务和知识。

- **陈述性知识**：虽然原则上所有的陈述性知识都可以直接输入系统，但在实际情况下这么做通常效率太低。相反，教育者通常只提供相对较少的知识，然后依靠系统来推导出相关的结论。无论是在教育阶段还是在生活阶段的通信过程都是如此。

- **过程性知识**：和操作有关的知识不能仅靠输入，还需要大量的练习和反馈以实现和其他操作的协作，因为其中很多内容是无法通过通信建立的。在教育阶段，系统可以在预先设置好的环境中多次重复一个动作，从而获得关于其前提条件和后果的直接经验，并将动作组织成技能（见4.3节）。

• **结构性知识**：概念、任务和信念之间有优先级分布。即使传入的任务可以给它们分配优先级（以取代默认的优先级），系统仍有必要根据自己的经验来调整这些分布。这也要通过实践完成，而不能只靠通信。

因此，在教育过程中，系统不是被动地记录教育者提供的材料，而是主动地处理这些材料，并据此组织自己的目标、行动和知识。这意味着教育者应该有一个教育计划，以及对教育对象的学习过程有充分了解。在这个过程中应考虑以下因素：

• 教材应包含与教学目的相称的信息。

• 教材的编排顺序要恰当，使学生能够循序渐进地建立起知识结构。

• 教材中应混合使用不同类型的句子。虽然大部分陈述性知识会以判断的形式呈现，但问题和目标在程序性和结构性知识的学习中起主要作用。

• 每一个任务输入系统后，应该给系统一定的时间来"消化"。如果间隔时间过短，系统可能无法充分理解知识；如果时间过长，系统在学习过程中可能无法保持连续性，也会降低教育的效率。

根据上述一般原理，智能系统的教育过程与传统的计算机知识获取有很大不同。在人工智能的历史上，所谓"基于知识的系统"通常是由设计者将特定领域的"规则"或"案例"组织在知识库中,而"机器学习系统"是将训练数据反复施加到一个可调整的函数上,直到它收敛到一个稳定的输入输出映射为止。与这些方案的要求相反,智能系统的记忆是动态变化的,不能作为固定的知识结构来设计;它的输入输出关系也是依赖于历史和情境的,不能作为确定的函数来逼近。

与人类兼容的人工智能

根据本书提出的理论,一个人工智能系统不一定要有类人的感知运动机制,所以它们未必用类人的范畴来描述环境。然而,建造更加类人的系统还是有许多理论和实际理由的,且这种系统的目标、行动和知识与人类的有更多重合之处。开发与人类兼容的人工智能的一个优点是,这种系统可以用现有的人类的知识进行教育,并在人类环境中被训练。

由于人类的知识大多是用自然语言表达的,所以如果一个人工智能系统先学习一种自然语言(如5.3节所述),然后用这种语言的材料进行教育,这将是很方便的。

人工智能系统的另一个知识来源是各种已经被表示成计算机可处理的格式的数据和知识,如数据库、电子表格、标记语言等。为了从这些来源中获取知识,纳思这样的系统可以直接学习如何将每个数据项从其原生格式转换为纳思语,或者使用专用的软件工具进行转换,然后只向系统提供这种预处理的结果,而不是原始数据。

在这个过程中所涉及的人类知识可以是常识性知识,也可以是专业性知识。虽然这两类知识往往来自不同的来源,但没有理由认为在智能系统中应该对它们进行不同的处理。"常识推理"和"专家推理"并没有不同的单独机制,只是作为知识,专业知识通常比常识更准确,也更少歧义。

无论如何精心地选择教材,如何进行教育,一个人工智能系统通常不会完全像一个典型的人类。至少它通常没有人类的生物经验和社会经验,而对这些经验的模拟也有一个限度。期待一个人工智能的行为和人类一模一样是不现实的,就像期待在截然不同的社会中成长起来的人可以在所有事情上完全一致一样。重要的是要明白,这种差异不能作为认为一个系统比另一个系统"更聪明"的理由。相反,它们可能差不多聪明,只是经历了不同的教育和社会化过程,所以最终会有不同的行为。就目前的讨论而言,不能说哪个系统"智能更高",而只能说它们"技能不同"。未来人工智能和人类智能的差异大概也是如此,因此不会有人工智能全面取代甚至超越人类能力的情况发生。

目前,流行的观点认为,随着人工智能研究的不断发展,计算机的智力会逐渐发展到人类的智力水平,而后继续发展为超人水平,乃至在某个时刻(所谓"奇点")之后完全超出人类的理解范围。我不同意这种看法。根据本书的定义,"智能"是有程度之别的,而"高智能"意味着更强的适应能力、更广泛的知识和更快的资源使用效率。即使将来计算机在这些方面都超过了人类,其工作原理也仍是基本不变的,不会超出我们的理解范围。如第2章中所讨论的,目前多数人的误区是混淆了"智能"和"技能",并误以为未来的人工智能可以解决所有我们可以想到的问题。

对人工智能的约束

无论是在专业研究人员还是普通民众中,人工智能的伦理问题都已引起了许多争论。由于很多人认为"智能"是人类成为世界主导物种的原因,所以他们担心人工智能会取代这一地位,最终导致人类的灭顶之灾。这种担心是可以理解的。虽然科学技术的进步为我们解决了很多问题,但同时也产生了各种新的问题,有时候甚至很难说某种具体的理论或技术是有益还是有害。鉴于人工智能对人类社会的潜在影响,我们人工智能研究者确实有责任仔细预估自己研究的社会后果,在用技术造福人类的同时也要防止它带来恶果。

根据前面列出的影响智能系统行为的因素可见,以纳思为代表的智能设计在道德上是中立的,即系统的智能程度与系统的善恶程度无关。这是因为智能机制与系统的目标、行动、知识的内容无关,而这些内容主要由系统的经验决定。

因此,控制智能系统的行为主要是控制它的经验,包括对其进行教育。我们不能期望设计出一个对人类友好的人工智能,而是要通过使用精心选择的材料来塑造它的目标、行动和知识,来教一个人工智能对人类友好。不少人建议,我们可以仿照阿西莫夫"机器人三律令"的思路,在人工智能的记忆中植入某些目标和信念,以及许多更详细的要求和规定。这个方案当然不无道理,但对于一个足够复杂的智能系统来说,要完全预测它的经验并据此控制它的所有行为,这在现实中是不可能的。或者换一种说法,如果一个系统的经验可以完全控制,那么它的行为将是完全可以预测的,然而,这样的系统也就没有智能可言了。正如4.2节所解释的那样,一个智能系统的派生目标并不总是与其原生目标一致。同样,系统也不可能完全预料到其行为的所有后果。即使它的目标是有益的,实际的后果也可能变成有害的,这会让系统自己都感到意外。

因此,人工智能的基本伦理道德状况与其他大多数科学技术一样:既不是万无一失地有益,也不是无可救药地有害。这种情况和每位家长了解到的情况类似:一个好孩子通常是教育的产物,而不是基因工程的产物。不过,教育也不是万能良药,也需要其他机制的配合,比如各种规章制度乃至法律。我相信在不久的将来,人工智能系统自身将成为法律约束的对象,尽管其法律地位不会和人类完全相同。

人工智能研究者要谨记自己的伦理责任,在研发的每个阶段都考虑其社会后果,并且不要指望一劳永逸地解决这个问题,也不要因为可能会出错就放弃研究,因为这不是一个智慧物种处理不确定情况的恰当方式。

5.6 本章小结

适应性系统的行为在很大程度上取决于系统的经验,这对人类智能和人工智能都是如此。

人工智能系统必须和环境相互作用,而且这种作用对系统行为的影响和在人类中的情况并没有根本性的差别。人工智能系统的实际经验内容依赖于其设计目标、软硬件配置、训练材料等因素,因此一般不会和人类经验内容相同,而这又必然导致系统在行为上和人类的差别。

  以纳思为例，其经验包括来自外界的经验，也包括来自内部的经验。这二者的共同点和差异都需要认真考虑。而纳思的外界经验又可以进一步分为感知-运动经验和语言-社会经验，并各有其功能和特点。

第6章
社群与科学

6.1 群体智能

把群体看作信息系统

人们常常把一个群体(社群、集体、社会)看作一个信息系统,比如说谈论一个公司或国家的动机或想法。一方面,群体信息系统与个体信息系统有许多共同点,这使得本书所提出的理论可以运用到这类系统中。而另一方面,群体信息系统与个体信息系统又有重要差别,所以我们要在这里用一章来专门讨论。下面的大部分结论主要是对人工智能群体而言的,特别是由若干纳思体组成的社群,但同时也适用于人群以及人机混合的群体。

正如1.1节所解释的那样,如果一个系统的内部活动可以抽象地分析为目标、行动和知识,其外部活动可以抽象地分析为经验和行为,那么这个系统就可以被看作一个信息系统。当一些信息系统共享物理环境和社会环境,且彼此之间密切互动时,整个社群会呈现出一定的规律性,因此可以当作一个整体来描述。这些系统的例子包括人类组织和社群(社团、公司、军队、民族、国家)、动物群(蚁群、蜂群)、计算机网络(互联网、多机系统)等。与此相反,一群信息系统的一个随意的集合往往不能有效地作为一个信息系统来分析。当然,一个群体是否能作为一个整体来分析,这是一个程度问题,但大家仍会同意,通常情况下一个公司比一个协会更像一个人,因为在前者中,各个组成部分的结合更紧密,目标、行为和知识比后者更加一致。

为了保持社群的稳定和效率,一个社群往往有内部的社会结构,不同的成员在其中扮演不同的角色,对整个社群做出不同的贡献。成员之间的沟通也深受社会结构的影响。因此，社群的某一特征（目标、行动或知识）通常不是其成员相应特征的总和或平均，因为它也取决于社群的结构。

群体智能

与个体系统一样，群体系统也可以分为智能系统和非智能系统。根据2.1节介绍的工作定义，一个群体系统是否应该被认为具有"群体智能"，主要看它能否适应环境。这里的智能当然是一个程度问题，表示适应的范围和速度以及资源的使用效率。与其他群体相比，一些群体能够在较短的时间内适应各种环境并有效利用资源，因而智能更高。

一个群体的智能显然与其成员的智能有关，但又不仅取决于这一点。蚁群（或蜂群）的智力被普遍认为远高于其个体成员的智力，而在人类组织中也不难发现相反的案例（如"乌合之众"）。所以应该说，一个群体的智力既受其内部结构的影响，也受其成员个体智力的影响。在本章中，主要讨论那些由个体智能系统组成的群体智能系统，尽管其他情况（个体智能系统组成群体本能系统，个体本能系统组成群体智能系统，个体本能系统组成群体本能系统）也都存在。

在一个群体智能的适应过程中，其目标、行动和知识都会经历类似于个体系统的自组织过程（如第4章所述）。当一个群体变得足够稳定时，共同的目标、行动和知识就会成为它的"文化"，可以起到"外在的遗传"的作用，即虽然不在各个系统的先天结构中，但它确实会通过社会化作用于每个系统，使其向特定的方向发展（如5.4节所述）。

群体中的改变通常是由个体发起的,尽管大多数改变的企图都未能实现,或者最后以非常不同的形式告终。那些成功的改变实现了群体的适应性。

群体目标

群体目标通常是从部分成员的个体目标中派生出来的,然后通过成员之间的互动成了社群的集体驱力,并或多或少地决定了社群的整体趋势。在一个复杂的群体中通常会有多个目标,这些目标可能会在期望的结果上发生冲突并争夺资源。

一些群体目标是外向型的,对应于群体对环境的特定愿望(如"改造自然"和"山清水秀")。另外一些群体目标是内向型的,对应于群体对自身的特定愿望(如"自由平等"和"克己复礼")。

群体目标会通过社会化影响成员的个体目标。在这个过程中,成员的一些目标受到鼓励和传播,而另一些目标则被抑制和惩罚。这具体取决于成员在社群中的角色及相关的预期行为,而群体中的社会规范(法律、伦理、宗教、习俗等)则是这些预期行为的系统化表达,其中往往既有描述性的一面(现实的就是合理的),又有规范性的一面(理想高于现状)。

随着社群的发展,群体目标会产生派生目标,并和在个体中一样产生目标异化的现象(在4.2节讨论过)。对于一个历史悠久、结构复杂的社群来说,它的一些目标可能并不来自任何一个个体成员,而是属于整个社群的。当群体目标与成员目标之间的冲突变得过于严重时,社群的稳定就会受到挑战。

群体行动

群体行动是指整个社群通过成员间的合作,利用现有工具所能做的事情。群体通常比单个成员要强大得多。外向型行动改变了环境,而内向型行动则改变了社会结构和群体成员自身。

一个智能群体的大部分共同行动都是整个系统从经验中学习来的。从原理上讲,它类似于单个系统的学习过程(在4.3节讨论过),也是对个体成员的操作进行协调组织的结果,只是这里有多个成员参与,因此更加复杂和不稳定。学习到的动作被分布式地存储在相关成员的记忆中,并可以通过社会化和教育传递给其他成员。

群体知识

群体知识是社群成员共享的知识,包括语言、常识、专业知识、技能、习俗、宗教、科学、技术等。这些知识的共享范围可能是整个社群,也可能是其中的部分成员。

共享知识始于关于交流语言的知识,因为这种知识使交流成为可能。语言的词汇提供了一个共同的描述框架,在这个框架中,环境和社群得到表述,这样成员就可以在群体中交流、提炼和积累经验。作为言语通信的补充,一些知识也可以在成员的行动中展示出来,让其他成员通过观察和练习获得。纯粹的个人经验是很难用语言和行动来表达的,也无法有效地交流和分享,因此不是群体知识的一部分。

知识的基本功能是将目标与行动联系起来,无论是对个体还是群体而言都是如此。群体信念的初级形式是"常识",即每个(正常的)群体成员都应该具备的知识。这些知识是从个人经验或社会化中获得的,构成了通信与合作的背景和规范。更复杂的群体信念是"理论",即对于环境和社群某些方面的知识的体系化。

6.2 作为群体知识的科学

科学的特征

在所有类型的群体知识中,科学与智能理论相关性最强。这里"科学"一词是在广义上使用的,包括自然科学和社会科学,以及数学、工程、技术和哲学等方面的理论。

科学的定义是一个争论了多年的话题。按照本书所提出的理论,科学对于群体智能的根本作用就是把群体成员的共同经验整理成一种结构化的形式,以指导各成员采取行动来实现目标。

因此,与4.4节介绍的对个体知识的评价标准相对应,科学区别于其他类型的知识的主要特征是以下三点:

- **正确性**:科学应该符合群体中各个系统的共同经验。
- **指导性**:科学应该为个体和群体的行为提供有效指导。
- **简洁性**:科学应该尽可能体系化。

这三个要求是相互独立的,因为满足其中一个要求并不意味着满足其他要求。对于一组信念来说,要想被认为是科学的一部分,它们必须大致同时满足这三个要求。当然,科学并不是唯一对智能系统(无论是社群还是个人)有价值的知识,但其他知识都不能取代科学的重要地位。

科学的社会性

科学是被社群中众多成员所接受的共同知识。虽然所有的科学知识都是由个人信念开始的，但个人的信念只有在用交流语言表达出来，并被社会上的其他人同意也代表了他们的经验时，才被认为是科学的一部分。

科学常被说成是"验证了的知识"或"对世界的客观描述"。尽管这种说法在日常生活中很有效，但却无法恰当地解释科学的发展，也难以说清科学与其他知识类型的区别。如前几章所论证的那样，智能系统的知识不过是系统经验的总结，因此依赖于系统的认知能力。科学知识与个人信念的区别在于其必须在多个系统之间共享，或者说是社会化的，而不能局限于单一系统。在某些科学分支中，这种要求体现为只承认可重复的实验结果，而拒绝偶然的观察结论。在这里，科学知识的"客观性"是指它"不仅仅是个人信念"，而不是说它"是对象的本来面目"独立于任何观察者。"主观"和"客观"之别应该看作"主人的观点"和"客人的观点"之别，而非"主体的观点"和"客体的观点"之别。客体是没有观点可言的。

正如第5章所解释的那样，并不是所有知识都可以用语言来表达和交流。不可直接交流的知识包括感知运动经验、程序化的技能、概念内和概念间的优先级排序等。尽管这些类型的知识对个体很重要，它们也不能被认为是科学的一部分。它们中的一部分可以用系统的内部表征语言完全表达出来，但这于事无补，毕竟它们还不是社会化的。只有社会化的知识才能在系统与系统之间交流，并通过教育和通信代代相传。

在系统之间共享外部经验要比共享内部经验更容易,因为系统的内部事件只有系统本身才能直接体察到,其描述必然是从第一人称的角度出发。相反,外部事件发生在公共环境中,所以可以从第三人称的角度来描述,并被有相似认知功能的系统所理解。这就解释了为什么"对意识的科学解释"与"对意识的直接体验"是有区别的,尽管二者可以说是同一个事件的不同侧面。

此外,即使是能用交流语言充分表达的知识,如果不被社群的其他成员接受,也不能被认为是科学的一部分。科学中的新观点最初总是由个别人提出来的。此人根据个体经验,有强烈的理由相信这种观点。而后这种观点被其他成员作为假说考虑,如果与他们自己的经验一致,就会被接受。请注意,当我们说"科学只包括已经证实的假说"时,是指假说与其他人的经验(或"人们所感知的世界")相符合,而不是直接与世界本身(或"客观事实")相符合。因此,"科学知识"是历史性的,因为一个信念往往在某一时期被认为是科学的一部分,但在过去或未来的另一时期则不是。

由于科学的抽象性,理论中的结论往往不是直接可验证的,而实际被验证的是该理论的推论。但通过归因推理,对其推论的验证会为理论提供支持证据。与许多其他标准一样,一个信念是否已经"社会化"是一个程度问题。如果一种观点比另一种观点得到了更多人的支持,那么我们就可以说前者"更科学",因为这意味着这种观点得到了更多证据的支持,因此有更高的频率和可信度(见3.3节给出的定义)。

科学的指导性

科学总结了群体经验，但这种总结本身并不是科学的最终价值所在，而是提供了行动与目标之间的联系。作为一个整体的科学理论必须具有指导性，即告诉相关系统在各种情况下应该怎么做。

这一要求说明仅仅与证据一致是不够的。如果一个理论只是想与人们的经验相一致，一个简单的方法就是把理论中的陈述变得非常笼统和灵活，以便与任何可能的观察相一致。例如，在预测股票的价格时说"涨到头了就会跌"总是正确的，但如果不进一步明确"到头"如何判断，这样的预测对一个系统来说几乎是无用的，尽管它确实是"正确"的。

这个现象在哲学中尤其常见。许多抽象的观点与经验相去甚远，以至于变得完全无用，尽管很难说它们是"错的"。在这个问题的诱发下，实证主义要求科学知识必须由感觉经验来证实，而波普尔等人则要求科学知识必须能被证伪。虽然这些观点在直觉上都有吸引力，但它们不能真正用来为科学知识划定边界，因为它们的限制性太强。作为经验的总结，科学知识往往具有普遍性，所以它的真理价值既不能被单一的检验案例所证实，也不能被证伪。对证实或证伪的要求中的合理因素是强调知识对系统的行为必须具有指导性，即对未来的情况做出具体的预测，并承担相应的责任。根据新的经验，以前的预测可能是对的，也可能是错的，那么相关知识的真值就应该做出或多或少的调整。

这就是科学与信仰的核心差异。在每一种信仰中，都有一些被认为是真理的核心信念,而这些信念是不接受经验挑战的。既然这些信念与所有可能的观察结果都一致,那么从逻辑的观点看,这些信念必然是重言式,因此对行为不具有指导性。许多人认为科学比信仰更"正确",因为它已经被证实,或者它可以解释观察结果。其实,信仰在这些方面做得更好,因为它往往避免了做出准确的预测和给予具体的指导。因此,尽管信仰在社会中可能会发挥其他作用,但它往往不能为系统提供明确的预测并具体指导行动。相反,科学理论必须对未来的事件做出具体的预测,并在预测与未来的观察结果不同的情况下做好修正的准备。因此,科学不能由那些可以解释一切,但又预测不了什么的结论构成。

一个理论是否具有指导意义同样是一个程度问题,只有在与其他理论比较时才能确定。由于其普遍性,哲学理论的指导性总是不如自然科学或社会科学的理论,不过,这并不是否认其在指导人类行为方面的作用。哲学的指导作用通常比具体科学的范围更广。

科学的系统性

由于智能系统没有足够的资源,所以它们会不断地重组自己的知识以提高其应用效率(见4.4节和4.5节)。这个过程对于科学来说尤其重要,因为社会化的知识指导着一个群体的行动。为了让知识在传播和教育中高效、准确地传递,并应用到各种实际情况中,最好将其整理成理论的形式。因此,体系化是简单性的一种实现方式。

一个科学理论并不是一个被广泛接受的结论的任意集合。相反,理论中的知识一般是统一的、概括的、抽象的、浓缩的、结构化的。它总结了大量的具体经验,并以一种高效的形式表达出来,即往往是从一些基本概念和公设中推出具体结论,以便于交流、教育和应用。

科学理论是大量脑力劳动的结果,而不是直接从经验中来的。出于同样的经验,不同的人所建立的理论通常不同。在系统性方面,并不是所有的理论都同样好。这个话题将在下一节进一步探讨。

6.3 科学理论

两类理论

如前所述,科学理论的基本功能是总结经验来指导行动以实现目标。从理论的内容与经验的关系来看,理论主要有两类:经验理论和形式理论,分别以经验科学和数学中的理论为代表。

经验理论中的概念是个体系统中概念的精炼形式,它们直接或间接地来自经验,即对应经验中的常见信号和稳定模式。系统可以使用这些概念描述环境并对未来经验进行预测,从而选择系统的行动。

形式理论中的概念并不直接对应具体经验,而是表示理论中的抽象预设和约定。从一组公理和定义出发,新的定理可以不断被证明出来。当把这种理论应用于实际问题时,其中的抽象概念被映射到具体概念上,公理被映射到可信的命题上,各定理就可以被用来解决实际问题了。由于经过解释后的定理与公理的可靠程度相同,形式理论可以让系统高效地获得已有经验的等价推论,而不必逐个从经验中总结这些结论。

经验理论具有"开放性",当它被一个系统使用时,其有效性会不断得到检验。每次预测未来时,理论内的语句的真值和概念的恰当性都会受到检验,并或多或少会被调整。这些调整及其衍生的结论也会改变理论中概念的意义。因此,从直观上讲,我们可以把这种理论看作一个需要适应新经验的信息系统,尽管理论不是实体,所有的实际思考都发生在理论使用者的头脑中。

与此相反,形式理论是"封闭的",即它的概念和结论并不随新的经验而调整,而是由理论的定义和公理所决定并保持不变的。当这样的理论应用于实际情况时,无论应用是否成功,都只是改变了人们对该理论能否这样解释或应用的信念,而不是改变了理论本身。因此,形式理论本身不需要随经验而改变,但可以在现有基础上以增加内容(证明新定理)的方式发展。

如果把理论当作一个信息系统,那么形式理论大致相当于一个本能系统,因为理论的所有结论都是从一个固定的核心中推导出来的,所以在原则上是预定的。而经验理论大致对应于一个智能系统,因为理论是根据新的证据,随着时间的推移而发展的,即使其最基本的原理也可能受到挑战和修正。这两类理论适用于不同的环境。在一个相对稳定的环境中,封闭的理论提供了一种可靠的方法,将相对稳定的知识组织成一个体系,可以有效地应用于实际问题。但是,在变化的环境中需要一个开放的理论,因为过去的经验和未来的经验不会完全相同。

从另一个角度看,经验理论可以有效地组织特定领域的共同经验,而形式理论则提供了可以应用于不同领域的概念体系。数学、逻辑学可以用于不同的领域,恰恰是由于这个原因。

理论的结构

形式理论的内部结构非常接近于3.2节中描述的"全公理系统"。通常情况下,元理论确定了定义新概念和从前提推导结论的有效规则。理论的(对象层)内容开始是基本概念的集合以及将概念联系起来的公理(或预设)的集合。在尚未被解释成具体概念时,形式理论中基本概念的意义是由它们在公理中扮演的角色所完全规定的。

形式理论通过定义新的概念和证明新的定理来进一步发展,而所有新内容都是根据规则从现有的内容中推导出来的。在该理论内部,一个概念的意义就是它的定义,一个语句的真值可以通过它(或它的否定)是不是定理来判定。原则上,一个形式理论的内容完全由它的初始概念和公理决定,尽管引入适当的新概念和证明新定理绝非易事。

与此相对应,经验理论的内部结构接近于3.2节描述的"非公理系统"。通常,这样一个理论从关于环境某一方面的经验出发,引入概念来刻画经验中的稳定联系与模式,并将有关知识组织成一个体系,以便统一地解释和预测相关经验。

经验理论的发展大致可以说是以"公理化"为导向的,即希望把知识组织成一个尽可能接近于公理系统的体系。这就意味着,要把其中概念的含义澄清到能够被总结为简单的定义,只选择清晰可靠的基本原理,而逐步从这些定义和原理中推导出其他的概念和结论。然而,从本质上讲,经验理论必须向新的经验开放,所以它永远不可能完全公理化。同时,无论概念和知识如何整理,它们的含义和真值最终还是以经验为基础的,而不是在理论中定义的。新的观察和思考往往会挑战已有的概念和结论,因此体现了某种"非公理化"的趋向。一个理论的发展正是在这两个对立趋向共存的情况下发生的。

尽管这两类理论的结构不同,它们之间还是有着密切的联系。一方面,经验理论可以对理论中稳定的部分进行"局部公理化"。一个经验理论越成熟,其内部往往会使用更多的数学工具,例如物理学。另一方面,在形式理论的建立和应用过程中,对概念和公理的选择往往是由背后的经验知识决定的,尽管经验的痕迹会在理论的结构中被有意地抹去,以获得更多的解释可能,例如几何学。

理论之间的竞争

对于一个特定的领域,不同的人(或智能系统)由于其动机、经验、方法等方面的不同,可能建立不同的经验理论,而这些经验理论在对该领域的描述上和对未来的预测上会发生竞争。按照传统的观点,科学是要揭示客观世界的真理,所以相互竞争的理论不可能都是正确的(虽然可能都是错误的)。但是,如果把理论看作经验的总结,这个结论就不成立了。通常在辩论中,各方的论点都有一定的道理,因为他们是站在不同的角度看问题,没有谁是绝对正确的。但是,这并不意味着所有的竞争理论都同样好。

理论之间的冲突通常不能通过将它们"综合"成一个理论来解决,因为它们的概念体系很多时候是不相容的。同样的道理,不同学派的人往往不能通过辩论来解决他们的分歧。在复杂的领域中,不可能找到一种"判决性测试"来一劳永逸地解决纷争。即使有某些测试,结果也只是提供一定量的证据,因此成功和失败往往是暂时的。在某些情况下,一个新的理论有可能"统一"以前的几个理论,但即使发生这种情况,通常这个新理论也是基于一组全新的概念,而不是简单地让以前的几个理论"取长补短"。

在科学研究中,试图保存相互竞争的理论的努力和试图将它们统一为一个理论的努力对科学的进步都是有益的,尽管在特定领域的特定时刻二者未必会对科学的发展做出同样重要的贡献。

对于一个研究者个人来说,往往需要在一段时间内遵循一个单一的理论。即使在看到其他理论的价值的情况下,由于资源的限制及对概念和行动一致性的要求,也需要这样做。每当必须进行这种理论选择的时候,往往是在(6.2节中讨论的)正确性、指导性和简洁性之间进行平衡。通常情况下,一种理论往往在某一方面优于另一种理论,但在另一个方面却较差。由于理论的评估和各方面的平衡通常高度依赖于研究目的和环境,因此没有普适的程序可以遵循。相反,偏好往往因人而异,因情况而异。然而,这并不意味着选择是任意的或非理性的。在每个系统中,它都是一个理性的决定;尽管不同的系统由于其目标、行动和信念的不同,会做出不同的决定。

形式理论之间也有竞争,但标准和经验理论的情况非常不同。一个形式理论没有相对于经验的"正确性",只有其内部定义的协调性和公理的一致性的问题,如果不满足这一点,其他方面再好也没有用。"指导性"在这里仍然是指这一个理论的实用价值,只是转化成形式理论的可解释性,尤其是在不同应用领域中的解释及其效用。只有"简洁性"基本不变,仍指基本概念和前提的数量和质量。

理论的范围

每一种科学理论都有其适用范围,包括需要解释的现象,需要做出的预测,以及能达到的目标。

根据本书所提出的观点,一个无所不包的"万物理论"(The Theory of Everything)是不可能存在的。因为理论的使用者都是智能系统,因而会受到知识和资源不足的约束。因此,一个理论必须选择一个合适的范围,这个范围既要足够宽,以便覆盖要达到的目标,又要足够窄,以便有效地被使用。理论的基本概念也会有一定的"分辨率",分辨率要足够"细",才能抓住相关的细节,同时又要足够"粗",才能省略无关的细节。

因此,每个理论都是在一定的抽象层次上描述环境的某些方面,它的概念也对应着这个层次上可观察到的事物和规律。这就像用显微镜(或望远镜)进行观察,在不同的放大倍数下会看到不同的现象。当同一个对象被几个处于不同抽象层次的理论所描述时,低层理论通常提供更多的关于对象内部结构的信息,而高层理论通常提供更多的关于对象外部关系的信息。由于对象的含义既有赖于其内部结构,又有赖于其外部关系,所以很难说哪种理论更"好",因为这取决于使用理论的目的。同样,任何理论都不可能被完全"还原"为一个下层理论(所以说物理学不是万物理论),或者说被一个上层理论"涵盖"(所以说哲学不是万物理论)。

不同层次的相关理论确实会产生相互影响。当它们的结论一致时,它们就会相互支持;当它们的结论不一致时,它们就会相互冲突,不过在这种情况下,任何理论都不会因为其层次而享有优先权。直观地说,把一些概念用更低层的理论来描述(如提供因果解释)可以使得它们更"扎实",而用更高层的理论来描述(如提供功能解释)可以使得它们更"丰满",但这些都不能取代同一层次内部的恰当描述。过分地追求"还原"或"超越"都是不恰当的。

这种抽象层次间的差异有时会与理论之间的另一种层次差异相混淆。当一个理论是另一个理论的描述对象时,前者通常被称为处于"对象层次",而后者则处于"元层次"。这种层次关系和不同抽象程度所造成的层次关系完全不同,因为在这种情况下,一般来说对象层理论和元理论描述的是完全不同的东西。如果一个理论和它的元理论在某种程度上有重叠,我们就会得到一个"怪圈",即某种自我指称。有时候这种情况应该避免,因为它会导致悖论。然而在某些情况下,它是需要的或不可避免的。例如,一个关于科学哲学的理论就必须适用于该理论自身。

由于经验的变化和系统处理能力的限制,专注于一个(相对)简单领域的理论比处理一个复杂领域的理论更容易变得条理清晰。因此,自然科学比社会科学更有资格被看作"科学"。哲学是研究经验中最一般现象的领域,因此,很少有哲学理论组织得如此之好,以至于它值得被称为通常意义上的"科学"。尽管如此,二者的区别仍然仅是程度问题,这就是说,前面提出的正确性、指导性、简洁性要求同样适用于社会科学、人文理论、哲学理论等,只是标准宽松一些罢了。

6.4 智能科学

理论需要

我之所以在智能理论中讨论科学理论的标准和结构这些通常属于科学哲学的问题，一方面是由于科学理论在群体智能中的重要作用，另一方面是在"元理论"层面上描述我建立这个智能理论时的考量。这样一来，这个理论就成为自我指称的了，因为其中的一些结论同时又被用来为这个理论辩护。与"循环论证"不同，这种自我指称恰恰显示了这个理论的自洽性。

"智能"不是个新概念。心理学对人类智力的研究已经积累了很多成果，而教育学、人类学、哲学等也有相关工作。尽管人们对智力的本质是什么还没有达成共识，但这个概念无疑是指人类区别于宇宙中其他已知物体的心理能力，而且与"认知""思维""心灵"等概念密切相关。虽然很多人也谈论动物智能和群体智能，并承认外星智能存在的可能性，但人类智能仍然是我们所知最多的智能形式。

人工智能的加入从根本上改变了智能研究的格局，因为计算机提供了一个可以检验各种理论的平台。每一个智能的理论模型只要能被详细描述出来，就可以据此构建计算机系统，而这些人工建造的系统所做的事情正是该理论模型所描摹的"智能"。

因此，一个具有一般性的智能理论应该同时涵盖自然生成和人工构建的智能系统。一方面，它应该是对自然智能的描述性理论，即提供对各个领域的相关观察的总结和解释。另一方面，它应该是人工智能的指导性理论，即提供关于如何构建可以被称为"有智能"的计算机系统的说明。这样一来,这种智能理论就兼具科学和技术两重身份,既应该让我们对智能有更好的理解,又应该催生新的技术来更好地满足我们的需求。

各种传统的理论尚不能满足上述要求。现有的描述性理论(如心理学和教育学)基本上把"智能"仅当作"人类智能",很少试图把智能中与人无关的方面和人类特有的方面分开,甚至不认为这种区分是可能的。现有的指导性理论(如计算机科学和传统的人工智能)基本上把"智能"当作"解决问题的能力",很少试图把解决问题的智能方法和非智能方法分开,甚至不认为这种区分是可能的。

对理论的要求

为了涵盖各种智能形式,智能理论首先应该给"智能"一个恰当的工作定义。在自然存在的系统中,这个定义应该在有智能的系统与无智能的系统之间划出一条大致符合直观看法的界限。对于人工构建的系统来说,这个定义应该建立一个比较简明的衡量标准,同时也要说明为什么传统的计算机系统还不是智能的。这个定义既不能窄到只包括人类智能(否则这项研究就不可能),也不能宽到包括所有现有的计算机系统(否则这项研究就不必要)。

在这样一个工作定义的基础上,逐步引入一些概念、原理、结构、机制和结论。这些成分既要符合我们对自然智能的理解,又要对人工智能的建设有指导意义。在可能的情况下,结论应该具体到可以形式化。智能理论总体上是一个经验理论,但可以包含形式化的理论(见6.3节)。这个理论应该条理清晰,循序渐进。它的概念应尽可能清晰、明确、自洽。理论应尽量简单，不含不必要的细节。无论何时需要引入假设，都应明确介绍并说明理由，而不是当作自然成立。

一个一般性的智能理论不应试图涵盖与智能没有直接关系的领域，尤其是心理学或计算机科学，尽管其可能与这些理论有重合，因为后者涉及了智能的具体实现方式。

该理论应该解决人工智能中现有的问题，而不是只讨论自己发明的问题。由于其基本假设不同，其解决方案不一定是传统理论所期望的。尤其是它可能会把某些问题排除于智能理论的范围之外。在它确实能解决的问题上，它的解决方法应该不超出现有技术可以直接实现的水平。

对理论的评价

对现存的多种智能理论，可以根据6.2节和上述讨论所建立的标准对它们进行比较和评价。

- **定位、划界**：这个理论应该划定一个现有理论所没有覆盖的范围。如果所谓的"智能理论"最后与认知心理学和计算机科学，或者统计建模说的是同一件事，那么它只是一个新的标签，而不是一个新的理论。当然，新的理论会与现有的理论有部分重合，但它的基本概念一定要有独特之处。
- **正确性**：该理论的结论必须与我们目前对各种类型的智能，特别是人类智能的认识相一致。根据6.3节的讨论，这个理论应该在比心理学和生物学更抽象的层面上描述人类的心智，而且使用一种不局限于人类智能的术语。

- **指导性**：该理论的结论必须适用于人工智能系统的工程设计。通常，首先要建立一个形式化的模型，并对理论进行解释和论证，然后将模型在计算机软件和/或硬件中实现，成为根据理论完全智能化的系统。
- **简洁性**：理论在概念上要简单明了，在结构上也要精心设计，这样才能有效地进行交流、评价和应用。

大多数传统理论都不能满足上述要求。主流的人工智能研究在观念上仍囿于计算机科学和数学。在无法用"计算"和"算法"等概念来完整地再现智能时，研究转向了特定领域和特定问题。因此，"人工智能"遇到了身份危机（Identity Crisis），因为它无法说明自己能贡献计算机科学不能提供的哪些成果。同时，以传统方式构建的"人工智能系统"和通常的计算机系统一样僵硬和脆弱，尽管对于某些有限的目的来说是有效的。

还有些智能理论走的是"以脑为本"的路子，把智能看作人脑的一种功能。这种理论力求将各种认知功能都用神经活动来解释。这样做自然有其合理成分，但会将人工智能引向忠实模拟人脑的神经活动的道路。这样做是把对智能的描述层次从本书的"信息加工"降低到了"神经活动"层，从而大大限制了智能的实现方式。按我的观点，这种研究与其说是关于"人工智能"的，不如说是关于"人工大脑"的。这两种研究虽然都有价值，但不该被混淆起来。

有些智能理论缺乏清晰的内部结构，而更像是一堆观察、判断、感想，存在矛盾和冗余。它们往往无法明确地告诉人工智能研究者该如何构建智能系统，或者假设了一些高度理想化的情况，而这些情况在自然系统和人工系统中都无法满足。

我们不期待一个完美的智能理论,尽管我们可以期待一个比现有理论更好的理论,如6.3节所解释的那样。

6.5 本章小结

这一章的核心内容是在智能理论的基础上提出一个新的科学观。

和传统的"求真"观点不同,这种观点将科学看作群体知识的体系化,并确立了正确性、指导性和简洁性这三项基本评价标准。在此基础上,本章对科学哲学中的若干核心问题进行了讨论。最终,讨论了对一个"智能理论"的基本要求,而本书提出的理论就是根据这些要求建立的。

结语

本书阐述了"智能"的工作定义,即智能是一个信息系统在知识和资源相对不足时的适应能力。在这个定义的基础上建立的理论提供了一系列概念和观点,以描述各类智能系统的内部结构和外部表现,以及系统各要素在经验作用下的演化过程。这个理论涵盖了智能系统的各种具体存在方式,包括生物和机器、个体和群体等。对于(人类、动物等)自然智能,这个理论解释了很多已知现象;对于人工智能,这个理论刻画了一个具体的技术路线。

纳思是概念框架的形式化和计算机化模型。这个模型实现了许多传统上被孤立研究的过程和机制,并为人工智能和认知科学中的许多问题提供了协调一致的解答。

现在我们可以回顾一下这个理论的展开过程:

1. **信息系统**:这一章是本书的方法论基础,

提供了一套可以统一描述生物和机电系统的概念框架，因此后面的讨论可以不涉及细胞或电路。

2. **智能系统**：这一章提出并解释了本书的核心论题，即给了"智能"一个工作定义。这个定义和其他定义的差异及其衍生结论也在此得到展示。

3. **推理系统**：这一章是智能系统的静态描述，也就是将本书的智能定义具体化为纳思的基本结构和成分，为进一步研究智能建立了一个形式化和计算机化的模型。

4. **自组织过程**：这一章是智能系统的动态描述，即以纳思为例，讨论了学习和适应过程，包括目的、行动、信念等成分的建构过程。

5. **经验与行为**：这一章讨论智能系统的经验，从而将关注点从系统内部的细节转向系统作为一个整体与其环境（包括自然环境、社会环境、心理环境等）的相互影响。

6. **社群与科学**：这一章分析群体系统的智能，即一群纳思能做什么。以本书的智能定义为基础，一个新的科学观得以建立。最后，讨论落实到智能理论所需要满足的条件。

虽然对智能的各种具体形态的研究已经有很多，试图打通各相关领域的努力也不少，但一个统一的智能理论仍被很多人认为是遥不可及的（如果不是根本不可能的）。本书不大可能说服很多人，但我仍希望借此引起一些读者的兴趣和注意，并根据收到的反馈将此"纲要"扩展成一本"详解"。

不管我如何努力写作，最终决定这个理论成败的大概还是纳思的工程实践。这不是一个可以一蹴而就的任务，但我对读者们不久就会看到我们的阶段性成果仍有信心。尽管还有不少困难需要克服,人类对智能及其相关现象的基本掌握已经不再是遥不可及的了。

图书在版编目(CIP)数据

智能论纲要/王培著. —上海:上海科技教育出版社,2022.9
ISBN 978-7-5428-7780-2

Ⅰ.①智… Ⅱ.①王… Ⅲ.①认知科学 Ⅳ.①B842.1

中国版本图书馆CIP数据核字(2022)第117298号

责任编辑　王　洋
封面设计　杨　静

智能论纲要

王　培　著

出版发行	上海科技教育出版社有限公司 (上海市闵行区号景路159弄A座8楼　邮政编码201101)
网　　址	www.sste.com　www.ewen.co
经　　销	各地新华书店
印　　刷	常熟市华顺印刷有限公司
开　　本	720×1000　1/16
印　　张	12.75
版　　次	2022年9月第1版
印　　次	2022年9月第1次印刷
书　　号	ISBN 978-7-5428-7780-2/N·1119
定　　价	48.00元